房間內的小綠洲

走入生態缸世界

設計 · 培養 · 療癒

佐佐木浩之　戶津健治

瑞昇文化

Contents

歡迎來到
室內綠植的世界 ————

　　人每天都會被周遭的環境所影響。僅僅在室內擺上一盆花卉或是觀葉植物,整個空間的氣氛都會因此而改變,內心也會稍微變得輕鬆了點 —— 每個人應該都有過這種經驗吧。反過來說,亂丟垃圾不僅可能會讓人變得散漫,在無機質的數位世界中可能讓人更容易緊閉心房。不過,應該不太會有人因為接觸自然的美好而心生怒氣才是。

　　想在身邊擺些令人愉快及美好的物品這是人之常情,而其中的一種方法,用植物點綴生活空間的「室內綠植」受到了矚目。被綠意所療癒、簡易室內裝飾、生物成長所帶來的充實感、收集稀有植物的狂熱樂趣、發揮裝飾創意帶來的創造性思考……儘管想通過室內綠植追求的東西因人而異,但自然生命所帶來的安穩心境,對我們來說是無可取代的珍寶。本書想要呈現的是,室內綠植分類中最能感受到濃厚生命氣息的「陸生缸」、「水陸缸」、「沼澤缸」、「兩棲生態缸」的魅力所在。這類室內觀賞型嗜好主要發源於歐洲,自古以來透過在玻璃材料所製成的容器中種植稀有植物觀賞,培育活體生物以便觀察等方式深受人們喜愛。而在有限的空間內培育活體生物,創造完美調和的袖珍自然環境,這樣的樂趣擴散到世界各地,隨著時代演變及種種巧思而得以進化。

　　本書以初學者也能夠輕鬆閱讀的方式,為足以稱為「藝術品」的多個缸體佈置、生態缸製作基本順序及生態缸中培育的生物們的魅力進行介紹。請大家一邊感受保養眼睛的綠意、做為生命源頭的光‧水‧土和生物們共存共榮的魄力,一邊尋找陸生缸╱水陸缸╱沼澤缸╱兩棲生態缸的設置靈感吧。

陸生缸／*Terrarium*

　英國倫敦被認為是生態缸的發源地。Terra是拉丁語的陸，Rium則是場所，因此這個名詞直譯的意思是陸地兩字。生態缸指的是在容器內單純培育「植物」並觀賞。可稱為多肉植物元祖的仙人掌類在日本於1970年代開始流行，迷你仙人掌們被種植在鋪有色彩繽紛彩沙的時髦玻璃容器中販賣。這就是做為陸生缸先驅般的存在。陸生缸使用無頂蓋的開放式容器或封閉型容器，尺寸也有種種大小。植物基本種類大多為熱帶性小型觀葉植物，近年來，也有人提出了多肉植物和苔蘚類為主題的佈置方式（亦被稱為苔蘚缸）。陸生缸做為時尚的綠植家具在園藝世界中也受到了矚目，如今已經成為園藝固定類別之一，製作出了充滿個性的佈設，讓大家得以欣賞到更為接近自然的植栽。

水陸缸／*Aquaterrarium*

　水陸缸指的是水際佈設技法，據說由荷蘭的水族館開創。一開始以大型佈設為主流，時至今日也能藉由方便維持的小型缸體享受其樂趣。類似用語還有個水族箱，是由Aqua（水）＋Rium（場所）組合而成，基本上僅用於形容水中世界。水陸缸由Aqua（水）＋Terra（陸）＋Rium（場所）組合而成，在缸體內重現了水中和水際陸地的融合。水中和水際陸地並沒有固定比例，隨佈設用岩石、流木等搭配及植物種類而改變。水陸缸經常帶有一定的水量，因此會利用沉水馬達在陸地上製造瀑布，或是噴出水霧等效果。缸體內種植熱帶性植物及國產山野草等植物，而水中則以小型熱帶魚及國產淡水魚為飼養主力。本類缸體在日本是自1980年代起，從水族館開始向外推廣的。

沼澤缸／*Paludarium*

　　沼澤缸和水陸缸相同，是使用玻璃缸製作的佈設型式之一，以植物為主題。大約170年前在荷蘭出現。語源為Palus（沼澤）＋Rium（場所），主要以熱帶雨林般的叢林為概念配置奇形怪狀的植物。在發源地荷蘭使用有一定高度的玻璃缸，以不在土壤中扎根，而是附著在其他樹木及岩盤上的著生植物，綻放美麗花朵的野生蘭花、空氣鳳梨等做為主要裝飾。而荷蘭式佈設除主缸體外還會併設小型缸體，並利用該小型缸體製作灑水裝置，定時重現熱帶雨林特有的驟雨真實環境。沼澤缸基本上不會置入動物，但近年來喜歡棲息於熱帶叢林的兩棲類（如青蛙等）以及有尾類（如蜥蜴等）的喜好者也有增加的趨勢。能欣賞到生長於熱帶雨林般叢林中獨特珍奇植物的雲霧帶世界，就是沼澤缸的醍醐味。

兩棲生態缸／*Vivarium*

　　兩棲生態缸源自德國，以飼養爬蟲類、兩棲類及有尾類為主。Viva（活著）＋Rium（場所）指的就是生物棲身之處，其原始概念涵蓋範圍雖然相當廣泛，但目前幾乎都專指導入了爬蟲類及兩棲類的容器。以棲息水際的小型蛙類及水陸兩棲的蜥蜴類、蠑螈類等做為主要飼養對象，並製作貼近棲息地的環境佈設。由於開發爬蟲類、兩棲類飼育用品的廠商亦有販賣兩棲生態缸專用飼育籠，直接利用該商品已漸成主流。像是前方帶有滑軌式小窗的籠子，以及帶有對開拉門的籠子等，備有不少便於管理該類動物的巧思。佈設方面大多以簡潔為重點，常用方式是用天然材料製成的吸附性濾材圍住後方和兩側，種植適量植物，以確保做為開放空間的水際空間足夠寬敞。在日本以30cm左右的小型籠子為主流，有許多享受每籠飼養單一種類動物樂趣的喜好者存在。

生態缸佈設集

陸生缸／沼澤缸／兩棲生態缸／水陸缸

首先讓我們從容器・缸體尺寸、使用生物名稱、重點解說等對專家所製作的種種佈設進行介紹。從僅導入植物的陸生缸為起點,前進到在缸體中呈現熱帶雨林世界的沼澤缸,再一步步看向飼養動物的兩棲生態缸,以及水量更多的水陸缸。無限寬廣的世界在大小・形狀各有千秋的空間中拓展而出,請讀者們從這些足以被稱為「創作」的佈設中找到大量的靈感吧。

陸生缸 /*Terrarium*

前景：Myrmecodia beccarii
後景：Hydnophytum perangustum

陸生缸 01

○尺寸：直徑23×高度17cm
○植物：Myrmecodia beccarii、Hydnophytum perangustum
利用帶有台座的圓柱型壓克力容器，能欣賞到極富特色的蟻生植物（內部構造能當成螞蟻窩，與螞蟻共生的植物）的陸生缸。使用與植物色系很搭的米色細粒裝飾沙，搭配看起來很帥氣的岩塊，簡單種植兩種植栽。讓人想擺在明亮的窗戶旁細心觀賞。

陸生缸 02

○尺寸：長10×寬10×高10cm
○植物：捕蠅草（解說：p135，往後僅標記頁數）、東亞砂蘚（p106）
使用PVC立方體容器。以食蟲植物捕蠅草為主體，種植在黑土（用於培育植物，以天然土壤為材料加工製成的底土）上的小型陸生缸。用綠意十足的東亞砂蘚調和配色。

捕蠅草會從長度5cm左右的葉片上長出小巧的捕蟲葉

新芽從植株中央長出，成長為蓮座型（葉片呈環狀與地面平行生長）植物特有的姿態。

後景的高大植物名叫猿戀葦

陸生缸 03

○尺寸：長 12 × 寬 9 × 高 15 cm
○植物：猿戀葦、青蟹壽、圓頭玉露、某種卷絹

能夠欣賞到多肉植物好朋友的小型陸生缸。鋪上顏色清爽的裝飾沙，搭配紅色系的小塊火山岩，讓植物和底砂對比更為鮮明，使植物的綠意變得更為美好動人。

圓頭玉露

某種卷絹

放了一隻豹紋守宮的模型調和畫面

種植小型的真實鳳梨

陸生缸 04

○尺寸：直徑25×高30cm
○植物：迷你鳳梨、馴鹿苔蘚（永生葉材）
使用市售的生態缸專用PVC圓型容器，以獨特的果實為佈設主題。用歡快的氣氛在小型生態缸容器內擺設數顆鳳梨和翠綠的人造馴鹿苔蘚。幾乎不需澆水。

馬蹄金

水茴草

最高大的是青蔓綠絨

陸生缸 05

〇尺寸：直徑20×高18cm
〇植物：青蔓綠絨、水茴草、馬蹄金（p146）
將水草的挺水葉（水草葉片離水的姿態）種植在廣受歡迎的球型玻璃容器裡的佈設。以植物容易扎根的黑土做為底砂使用。利用底砂常保濕潤的環境，使容器維持恰當溼度。

陸生缸 06

○尺寸：長30×寬30×高45cm
○植物：萬年松（p118）、紅卷柏、斑葉卷柏、卷柏（p118）、小葉白點蘭、大灰蘚（p107）、鞭枝懸苔

使用了具一定高度的缸體「クオリア3045」，營造出帶有立體感的佈設。在特殊強化保麗龍材料製成的模型基座上種植著生蕨類及苔蘚、著生蘭（小葉白點蘭）。以向下垂落為特徵的鞭枝懸苔，為這個佈設帶來了衝擊感。

鞭枝懸苔

斑葉卷柏

萬年松

中央：紅卷柏
左前方：大灰蘚　右前方：卷柏

軟樹蕨

從12點鐘方向順時針算起：小葉薜荔、東亞萬年蘚、黃金
姬菖蒲、蜘蛛蕨，中間是山蘇，下面則是庭園白髮蘚

將中間的植栽換成山蘇

小葉薜荔

陸生缸 07

○尺寸：直徑25×高25cm
○植物：軟樹蕨（p116）、山蘇（p117）、黃金姬菖蒲（p125）、蜘蛛
蕨、東亞萬年蘚（p112）、小葉薜荔（p126）、庭園白髮蘚（p108）
以圓柱型玻璃缸製作的奇型陸生缸。為了襯托出中景植物（佈設主角）
軟樹蕨，從後向前以生態缸專用黏土材做出斜坡，種植各種植物。隨

從左下七點鐘方向順時針算起：
摩蕊嘉寶鳳梨、鶯歌鳳梨、火球
積水鳳梨、班紋彩葉鳳梨

中央：綠絨葉鳳梨
右後方：玫瑰姬鳳梨

陸生缸 08

○尺寸：長45×寬30×高30cm
○植物：鶯歌鳳梨（p129）、摩蕊嘉寶鳳梨（p128）、火球積水鳳梨（p128）、曲葉鳳梨（p127）、班紋彩葉鳳梨、玫瑰姬鳳梨（p131）、暗紅小鳳梨、綠絨葉鳳梨（p130）、空氣鳳梨 雷伯蒂娜摩拉（p129）、大灰蘚（p107）、側枝走燈蘚
使用大量積水鳳梨科植物的立體型陸生缸。突顯綠色和紅色積水鳳梨的存在感，能夠欣賞到它們各自的特徵。使用有一定高度的兩塊寶麗龍（已鋪上電氣石）種植植物。底面則配置了塊狀側枝走燈蘚及毯狀大灰蘚。在p092為本佈設的製作流程進行解說。

空氣鳳梨 雷伯蒂娜摩拉

陸生缸 09

○尺寸：直徑25×高25cm
○植物：垂穗石松、東亞萬年蘚（p112）、包氏白髮蘚（p108）、羽蘚

在裝飾用玻璃容器「オーパル25」中密植苔蘚和蕨類而成的陸生缸。使用具高度裝飾性的手製木台並加裝照明。為種植苔蘚和蕨類鋪上了培養土，眾多耐陰植物（在日照量不足的地方也能良好生長的植物統稱）在狹小的空間內茂盛生長。

前方、較高的亮綠色植物：垂穗石松
左、右後方：東亞萬年蘚

左：寶金蘭"龜背"
右：綠翡翠寶石蘭

前：綠翡翠網葉蘭
後（深綠色）：彩金蘭（海龜）

包氏白髮蘚

歐洲鳳尾蕨

陸生缸 10

○尺寸：長45×寬25×高30cm
○植物：寶金蘭（龜背）（p131）、綠翡翠網葉蘭、綠翡翠寶石蘭、彩金蘭（海龜）、歐洲鳳尾蕨、包氏白髮蘚（p108）

以潮濕的叢林林地（森林地表）為製作概念。在缸體中鋪滿腐葉土，從左後方放上流木。然後簡單種植寶金蘭（龜背）等寶石蘭（Jewel Orchids）。枯葉的存在能讓氣氛變得更貼近自然。

山嶺石蕊

樹花

長松蘿

中央：瘦柄紅石蕊、右側：馴鹿苔蘚

陸生缸 11

○尺寸：直徑40×高60cm
○植物：山嶺石蕊、馴鹿苔蘚、瘦柄紅石蕊、樹花、長松蘿

使用大型PVC容器製作。中間的高台（火山岩模型）由強化塑膠製成。將地衣類（菌類和藻類共生〔結為共生關係〕形成單一個體的複合體統稱）放在高台上，形成散發出詭異氣氛的世界感。將它設置在陰涼處，只需少許濕度即足以維持。

綠蘿

羽蘚

閃電彩葉蘭

斑葉薜荔

絨葉小鳳梨

小葉薜荔

腎蕨

沼澤缸 01

○尺寸：長20×寬20×高20cm
○植物：綠蘿、小葉薜荔（p126）、斑葉薜荔、絨葉小鳳梨、腎蕨、閃電彩葉蘭、羽蘚
在缸體牆面堆上天然的植物培養土，並配置流木的小型沼澤缸。特色十足的植物在20cm的狹小空間內旺盛生長。培養土內含有大量
水分，能使植株保持濕潤。使用市售沸石做為底砂。

從頂端鳥瞰也很有趣的佈設

大灰蘚

沼澤缸 02

○尺寸：長20×寬20×高20cm
○植物：越橘葉蔓榕、小葉薜荔（p126）、檜蘚、大灰蘚（p107）
在缸體中間製作出洞窟般的空間，以這個周圍用植物培育材料加固
的佈設基座做為台座。這是兩棲生態缸的基本作法，但在這個佈設
中將它做為單純欣賞植物的沼澤缸方式使用。能從頂端也能從旁邊
觀賞，採用了開放式的欣賞概念構築。加上小模型更能提升樂趣。

上方：越橘葉蔓榕

左上、中下：檜蘚
中間：小葉薜荔

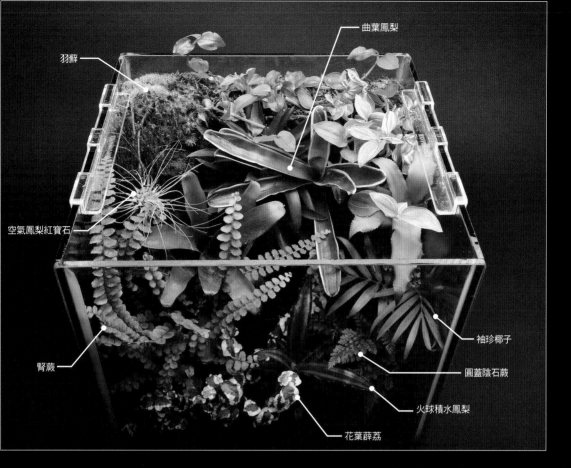

曲葉鳳梨

羽蘚

空氣鳳梨紅寶石

腎蕨

袖珍椰子

圓蓋陰石蕨

火球積水鳳梨

花葉薜荔

沼澤缸 04

○尺寸：長15×寬15×高25cm
○植物：玫瑰姬鳳梨（p131）、花葉薜荔、腎蕨、庭園白髮蘚、羽蘚
使用強調高度，便於佈設的長方形缸體。僅在背面堆上植物用培養土，整
面種滿羽蘚。深綠色的羽蘚能讓其他植物如浮現般強調它們的存在感。簡
單而有效的使用流木樹枝段，在小型缸體中拓展出相當有意思的世界感。
底部擺的是日本石龍子的模型。

花葉薜荔，背面是羽蘚

玫瑰姬鳳梨

空氣鳳梨雷伯蒂娜

小鳳梨

南美正三角莫絲

擎天鳳梨

五彩鳳梨

半柱花

椒草

越橘葉蔓榕

白網紋草

沼澤缸 05

○尺寸：長30×寬30×高45cm
○植物：南美正三角莫絲（p137）、小鳳梨、五彩鳳梨、越橘葉蔓榕、白網紋
草、擎天鳳梨、椒草、半柱花、空氣鳳梨雷伯蒂娜
遙想發源地歐洲的沼澤缸而製作的縱長貼牆型佈設。前方玻璃可滑動，缸體左下
方備有可洩除底部積水的專用閥。底砂為發泡煉石（將黏土經高溫窯烤形成的球
狀介質，常見於不使用土壤進行栽培的水耕栽培）和黑土，有良好的排水效果。

沼澤缸 06

〇尺寸：長15×寬15×高25cm
〇植物：變葉木、密葉竹蕉、玫瑰姬鳳梨（p131）、庭園白髮蘚（p108）、羽蘚
正統派的沼澤缸構成。將稍大的植物和小型的匍匐性（枝條及莖幹貼地生長）植物搭配組合，容易達成佈設平衡。由於這看起來類似小型蛙類的生存環境，放進色彩鮮艷的箭蛙模型襯托出佈設。

左：變葉木 右：密葉竹蕉（阿波羅）

沼澤缸 07

○尺寸：長45×寬17×高30cm
○植物：芹葉福祿桐（p134）、細葉榕、花葉薜
荔、灰綠冷水花（p125）、大灰蘚（p107）、包氏白
髮蘚（p108）、羽蘚

使用寬度較窄的特殊尺寸裝飾用玻璃缸進行製作的
背面型佈設。使用名為「種植君」（p097）的佈設
道具，讓羽蘚得以到處扎根，並配置數球包氏白髮
蘚。突顯流木樹枝的的存在感，能藉此營造自然景
觀。從中央稍往左下生長的大型葉片是細葉榕。雖
然匍匐性的花葉薜荔成長速度很快，但透過適當的
修剪可長期維持佈設。

中央：包氏白髮蘚球塊

花葉薜荔

羽蘚

沼澤缸 08

○尺寸：長60×寬17×高30cm
○植物：常春藤、月橘、小葉薜荔（p126）、圓蓋陰石蕨、緣邊走燈蘚（p111）、包氏白髮蘚（p108）
使用缸體寬度和高度與沼澤缸07相同，但長度多出15cm。在兩旁的側面堆上培養土，將苔蘚類和小型熱帶植物完美調和地配置其上。另外也有部分底砂選用了沸石材質。傾斜設置的流木樹枝不僅為整個佈設帶來衝擊感，其下方形成的小型開放空間使整體給人的印象更為寬廣。這是將植物成長也計算在內的沼澤缸。

緣邊走燈蘚

中央上方、右下：細葉榕
週圍：斑葉薜荔

中央：小葉薜荔
左方及下方：腎蕨

沼澤缸 09

○尺寸：長60×寬30×高36cm
○植物：細葉榕、小葉薜荔（p126）、斑葉薜荔、腎蕨、包氏白髮蘚（p108）、羽蘚

使用前側接角進行了曲面加工的全玻璃缸體，是基本款的沼澤缸佈設。以流木樹枝為中心構成的基座週圍種植的大量熱帶植物，各別強調著自己的存在感。維護上透過適當的修剪，避免景觀走樣。

沼澤缸 10

○尺寸：長45×寬17×高30cm
○植物：西瓜皮椒草、灰葉冷水花、小葉薜荔
（p126）、鳳尾蕨、羽蘚
以庭園式盆景為概念製作的沼澤缸。佈設結構上是讓
缸體後上方的灰葉冷水花茂盛生長，試圖使其與其他
植物的綠意形成色彩對比。缸底的砂地則是讓羽蘚扎
根茂盛生長，匍匐植物在它們的上方長出新芽。植物
配色改變了的沼澤缸既嶄新又有趣。

灰葉冷水花

鳳尾蕨　　　　　　小葉薜荔　　　　西瓜皮椒草

沼澤缸

沼澤缸 11

○尺寸：長60×寬30×高36cm
○植物：細葉榕、腎蕨、卷柏（p118）、小葉薜荔（p126）、斑葉薜荔、某種冷水花、庭園白髮蘚（p108）、大灰蘚（p107）
使用長60cm的標準尺寸全玻璃缸體。是導入了發源地荷蘭自古以來使用的佈設技巧的沼澤缸。將四處堆高的底座和流木巧妙結合做為基礎，讓各種植物在上面旺盛生長。根據佈設基本法則將大型植物種植在後景上方，植株不會長大的植物種類則配置在中間及前景的底部。

兩棲生態缸 /*Vivarium*

兩棲生態缸 01

○尺寸：長20×寬20×高20cm
○植物：小葉羅漢松、常春藤、庭園白髮蘚（p108）
○動物：鐘角蛙
使用20cm的骰子（立方體）缸體，享受飼養兩棲類人氣品種鐘角蛙的佈設。為了
便於欣賞鐘角蛙，在後方用流木和火山岩搭起高牆，使前方形成開放空間。

小葉羅漢松

鐘角蛙

兩棲生態缸

鱗毛蕨

北京鐵角蕨

兩棲生態缸 02

○尺寸：長30×寬30×高45cm
○植物：北京鐵角蕨、鱗毛蕨、冷水花、爪哇莫斯（p136）
○動物：加里曼丹橘吸血鬼蟹（p157）

將原用於設置沼澤缸而特地製作的全玻璃缸體用來佈設兩棲生態缸的作品。（缸體與p032：沼澤缸05相同）。利用置入水底的小型水中馬達汲水，從缸頂的雨淋管（開有大量的小洞，能像花灑般灑水的水管）朝背面淋下的構造。此一作法能保持壁面著生的水生苔蘚（爪哇莫斯）不致乾枯。小型蟹類往高處攀爬的樣子十分有趣。

加里曼丹橘吸血鬼蟹

兩棲生態缸 03

○尺寸：長45×寬45×高45cm
○植物：檜蘚、羽蘚、庭園白髮蘚（p108）、爪哇莫斯（p136）、叉錢蘚
（p137）、野薔薇、掌葉薛荔（p127）、狹頂鱗毛蕨、越橘葉蔓榕、千層塔
（p121）、細葉鳳尾蕨
○動物：劍尾蠑螈（p150）
為了飼養劍尾蠑螈這種生活在山谷溪流間的有尾類而製作的兩棲生態缸。
使用專用板材和岩石組成牆面，種植苔蘚類和山野草重現自然氛圍。水中設有過
濾器，創造出水中、陸地均能讓劍尾蠑螈舒適生活的環境。

劍尾蠑螈

千層塔

庭園白髮蘚

檜蘚

水陸缸 /*Aquaterrarium*

水陸缸 01

○尺寸：直徑18×高20cm
○植物：東方皇冠草、圓葉節節菜、瓦氏水豬母乳（紅松尾）、紅水蓼、
假馬齒莧、黃金錢草、卵葉水丁香
在陸生缸常用的圓型開放式玻璃缸體中種植長著水上葉的水草的佈設。活
用了由ADA以「佗草」為商品名販賣的水草。只要有水有光，千嬌百豔的
水草們會自己扎根進培養土中成長，能夠輕鬆享受種植樂趣。水草成長到
一定階段後還有花朵可欣賞。

赤芽四手千金榆

包氏白髮蘚

南洋骨碎補

某種佛甲草

皋月杜鵑

白齒泥炭蘚

水陸缸 02

○尺寸：長25×寬25×高25cm
○植物：赤芽四手千金榆、皋月杜鵑、南洋骨碎補、白齒泥炭蘚、包氏白髮蘚
（p108）、某種佛甲草
使用能夠輕鬆打理的25cm開放式立方型缸體構成的水際風景。使用吸水性佳的
發泡煉石和獨家調配的資材用土堆起了後方隆起的土堆。以苔蘚覆蓋地面，種上
小巧的盆栽，營造出小巧但有高低起伏的佈設。

中央：單蓋鐵線蕨
左側：短肋羽蘚

波葉仙鶴蘚

水陸缸 03

○尺寸：長45×寬30×高40cm
○植物：波葉仙鶴蘚、檜蘚、短肋羽蘚、東亞萬年蘚（p112）、單蓋鐵
線蕨

盡可能將流木放入缸內，將底部過濾器（用馬達）打上來的水從各處流
下，為苔蘚提供水分。隨著時間流逝，附著在飄流木上的苔蘚會像處於
自然環境般茂盛生長，形成完美的莫絲（MOSS，苔蘚的英文名）佈設。

檜蘚

大型水生棕櫚：美洲油棕、小型水生棕櫚：木匠椰
後景直立的流木右側：刺蕨

水陸缸 04

○尺寸：長45 × 寬30 × 高30 cm
○植物：美洲油棕、木匠椰、刺蕨、圓蓋陰石蕨、梨蒴珠蘚（p109）、綠
邊走燈蘚（p111）、爪哇莫斯（p136）、三叉鐵皇冠
○動物：銀水針
以水陸缸的水中空間為主題，使用名為紅樹林根的流木塊在後側搭建起陸
地。水中底床的三葉蟲化石是這個佈設的看點。從水中過濾器往上抽出的
水，流經管線濕潤飄流木，是水陸缸的標準設計方式。突出水面的水生棕
櫚也有很強的視覺衝擊效果。

深綠色：爪哇莫斯 亮綠色：緣邊走燈蘚

梨蒴珠蘚

三叉鐵皇冠

銀水針

水陸缸 05

○尺寸：長45 × 寬30 × 高45 cm
○植物：千金榆、某些景天、兗州卷柏、包氏白髮蘚（p108）、檜蘚、羽蘚
佈設上將漂亮的塊狀包氏白髮蘚高高裝飾在地面，並挑選高濕度環境也能輕鬆培育的小型多
肉植物，是水陸缸的基礎作品。被稱為雜木盆栽的樹苗呈現出存在感。成分調配得較為保水
的土壤，使苔蘚得到充足的滋潤。

兗州卷柏

檜蘚

千金榆

包氏白髮蘚

羽蘚

虎耳草

鐵角蕨

包氏白髮蘚

大灰蘚

纖枝短月蘚

包氏白髮蘚

水陸缸 06

○尺寸：長45×寬30×高45cm
○植物：櫸樹、虎耳草（p124）、鐵角蕨、包氏白髮蘚（p108）、大灰蘚
（p107）、纖枝短月蘚
使用視覺效果強烈，具有一定高度的玻璃缸體，在高高隆起的陸地部分製
作出立體佈設。缸體前方設置的水際能為種在陸地的植物提供水分和濕
度。在欣賞混植苔蘚類的同時，做為陸景部分的調劑等入秋後還能欣賞櫸
樹樹苗的紅葉在照明下的美景。

水陸缸 07

○尺寸：長45×寬30×高45cm
○植物：櫸樹、某些景天、包氏白髮蘚（p108）、東亞萬年蘚
（p112）、仙鶴蘚、羽蘚、大灰蘚（p107）

藉由小型溪石的搭配組合區隔水際和陸地，使配置植物的生態缸空間
變得更為寬廣。在長45cm的空間中重現了自然界溪流水域的常見光
景。隨著陸上植物成長，也能好好地欣賞到水際的景觀。

欅樹樹枝

羽蘚

仙鶴蘚

水陸缸 08

○尺寸：長45×寬30×高50cm
○植物：朴樹、櫸樹、伏石蕨（p122）、包氏白髮蘚（p108）、大灰蘚
（p107）、某些景天

使用為水陸缸用途製作，背面較高的特殊形狀全玻璃缸體，創作出帶有「和」
之心的瀑布佈設。中間的瀑布是以大小適中的碎溪石如斷崖般垂直黏貼而成
的。在缸底中間設置小型水中馬達，將水往上汲取。兩側陸地鋪上發泡煉石和
自行調配的土壤介質各一層，堆疊出頗具高度的水陸缸。

水陸缸 09

○尺寸：長60×寬45×高45cm
○植物：爪哇莫斯（p136）、大灰蘚（p107）、某種辣椒榕、倒卵葉車前
蕨、岩椒、某種膜蕨、車前蕨、鱗毛蕨

以兩棲生態缸專用缸體佈設而成的水陸缸。正面的玻璃能往左右兩邊拉
開。被矽膠黏在缸壁上的火山岩呈現出了水陸缸特有的風景，能享受到讓
苔蘚和熱帶植樹著生其上的樂趣。缸體底部設有水窪，使用小型水中馬達
過濾。是組使用了大量著生在山崖等處的植物，彷彿從大自然中切下一角
的佈設。

中央（亮綠色葉片）：倒卵葉車前蕨
左下：岩椒

某種辣椒榕

水陸缸 10

○尺寸：長90×寬45×高45cm
○植物：袖珍椰子、紅邊竹蕉、白鶴芋（p123）、美人蕨、越橘葉蔓榕、玫瑰姬鳳梨（p131）、腎蕨、紫露草、西瓜皮椒草、小榕（p138）、羽蘚、斑葉薜荔、
（人造）空氣鳳梨

以長90cm的稍大型缸體製作的水陸缸。在岩石搭起的水際擺上恐龍模型，表現出太古往昔的樣貌，成為了情境模型和水陸缸融合而成的「情境水陸缸」。這是組享受著讓思緒徜徉在恐龍生存的時代的樂趣，創意自由而嶄新的佈設。

紅邊竹蕉

（人造）空氣鳳梨

美人蕨

白鶴芋

斑葉薜荔

袖珍椰子

越橘葉蔓榕

腎蕨

羽蘚

玫瑰姬鳳梨

水陸缸

中央：玫瑰姬鳳梨
右側：短肋羽蘚

上方：小榕、中央：四色睡蓮
左上、右下：毛足鬥魚

水陸缸 12

○尺寸：長60×寬30×高36cm
○植物：袖珍椰子、斑葉薜荔、文竹（p124）、彩葉芋、西瓜皮椒草、綠蘿、蝴蝶合果芋、大灰蘚（p107）、羽蘚、曲尾蘚（p109）
用培養土高高堆出陸地，並以名為青龍石的裝飾石隔出水中和陸地的分界，製作出佈設基礎，將苔蘚們和熱帶植物種植在置於高處的大塊流木周圍。由水中馬達汲取上來的過濾水，經過設計後能從各處向下流動。

西瓜皮椒草

羽蘚

文竹

水陸缸

某種針葉樹

南天竹

袖珍椰子

細葉榕

文竹

羽蘚

中央：細葉榕、左側：袖珍椰子

左上：白鶴芋
右上：花葉薜荔
下方：小葉薜荔

藍眼燈魚

水陸缸 14

○尺寸：長90×寬45×高45cm
○植物：鈕扣藤、文竹（p124）、絨葉小鳳梨、鱷魚皮星蕨、咖啡樹、細葉榕、袖珍椰子、皺葉山蘇、小葉薜荔（p126）、花葉薜荔、白鶴芋、羽蘚、小榕（p138）
○動物：藍眼燈魚（p154）、黃金燈魚
在缸體內擺放充滿了玩樂心物件的作品。左右以紋路特殊的裝飾岩黏出大塊陸地，做出高度有所差異的佈設。夕陽背景蘊釀出一種有情緒的氛圍。是個讓人自然產生種種思緒的水陸缸。

密葉鐵線蕨

千層塔

鈕扣藤

蝴蝶合果芋

庭園白髮蘚

烏毛蕨

小榕

海州骨碎補

薜荔

文竹

伏石蕨

有翅星蕨

水陸缸 15

○尺寸：長25×寬25×高 背面30、前面15cm
○植物：密葉鐵線蕨（p114）、鈕扣藤、蝴蝶合果芋、烏毛蕨（p119）、海州骨碎補（p115）、千層塔（p121）、薜荔、文竹（p124）、伏石蕨（p122）、庭園白髮蘚（p108）、小榕（p138）、有翅星蕨（p140）

使用被設計為前低後高的水陸缸專用缸體製作。這種形狀的缸體最適合將岩石堆疊出一定高度。本佈設在缸底設置了過濾器，馬達汲取的水經由岩石堆背面的管線被運往頂端，水再形成瀑布從中央流下。能藉此聆聽到沉穩的流水聲。在p100為本佈設的製作流程進行解說。

紅邊竹蕉

某種腎蕨

細葉榕

小葉羅漢松

斑葉薜荔

爪哇莫斯

合果芋

某種合果芋

緣邊走燈蘚

水陸缸 16

○尺寸：長30 × 寬30 × 高60cm
○植物：某種合果芋、斑葉薜荔、小葉羅漢松、細葉榕、某種腎蕨、紅邊竹蕉、綠邊走燈蘚（p111）、羽蘚、爪哇莫斯（p136）
○動物：貴州爬岩鰍

以各種大小的火山岩從水中往上堆高，並以矽膠黏緊的高大型水陸缸。構造上是利用設置在缸底後側的沉水馬達及專用管線將水往上汲取，再讓水往下流。用著生在岩表的水生苔蘚類（爪哇莫斯）創造出基礎氣氛，上方則有配色明亮的蕨類和觀葉植物茂盛生長。縱長型水陸缸是日本首創的佈設法。水中導入了能透過進食清除缸體玻璃壁面及岩石上苔類的貴州爬岩鰍。

水陸缸 17

〇尺寸：長45×寬30×高30cm
〇植物：庭園白髮蘚（p108）、緣邊走燈蘚（p111）、多形小曲尾蘚、牛角蘚

讓苔蘚在大小岩石上著生，享受單純樂趣的水陸缸。使用高透明度的全玻璃缸體製作。刻意以裸缸（缸底不放底砂）方式佈設，在水裡設置了小型水霧機，透過水霧讓有保水性的岩石和茂盛生長的苔蘚得到水分供應，同時也營造出幻想般的空間。

多形小曲尾蘚

中央：庭園白髮蘚

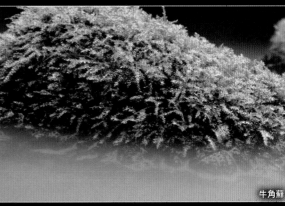

牛角蘚

水霧機

生態缸的設置場所

　　小型生態缸或許給人有種不必在意設置場所，就能輕鬆享受的印象。可是，不恰當的設置場所長期下來就會產生影響，使好不容易製作完成的生態缸走樣，喪失了欣賞樂趣。首先，隨著季節更換設置場所是很重要的。會有斜射陽光的窗邊，由於氣溫從春季至夏季逐漸升高，會對植物造成傷害，進入這類季節時請盡可能在涼爽的環境下管理及培養。而秋季至冬季，白天時要將它們放在窗邊照得到陽光的地方，藉著促進光合作用，在寒冷的季節裡也能享受培養的樂趣。

　　而在與水族箱融合的水陸缸方面，紫外線照進水中將會促進令人頭大的藻類增生。請大家活用照明器具，盡量將它設置在氣溫波動不大的環境。沼澤、兩棲生態缸也和水陸缸一樣，需要盡可能設置在不會受到紫外線影響的場所。若在缸內飼養動物，則必須在缸體或籠子裡配上專用加熱片／墊，或是以空調進行室溫管理，設定在動物能保持舒適生活的溫度上。

　　此外，大型缸體裝滿水的重量相當驚人（舉例來說，長60×寬45×高45cm差不多130kg左右）。由於台座萬一支撐不了重量而破損、側倒時會相當危險，請在再三確認台座的強度及水平性等安全條件沒問題後才設置缸體。如有疑慮，直接使用市面上買得到的專用台座，也是不錯的選擇。

放在照得到陽光的窗邊
促進光合作用

放在吧台的水陸缸
（使用照明器具）

Chapter.2

試著設置
生態缸吧

Chapter.1所介紹的佈設,各自拓展了極具個性的世界對吧。「自己也想試著製作這麼精美的生態缸!」您是這麼想的嗎?還是「這我可能做不來吧……」呢?可是,華麗地製作出壯大而複雜的佈設的專家們也全都是從菜鳥一路成長來的。大家應該都是先挑戰簡單的作品,之後才逐漸升級。在這個章節,為製作生態缸的基本順序進行介紹。先從只要湊齊缸體、器材、材料、植物就能輕鬆製作的佈設開始,再慢慢向上升級。先參考這些範例試著動手製作,之後再放入其他創意和自己的原創性,一定能讓生態缸製作變得更有趣。

水草生態缸

Data　缸體：長 21×寬 21×高 20cm
器材：LED 照明
材料：黑土、裝飾用岩石
植物：印度小圓葉（帶原木）、牛毛氈（帶原木）、紫蘇草（帶原木）、新大柳（帶原木）、南美草皮、大珍珠草

1 將黑土放進缸體，厚度大約5cm左右，並用手撫平。再來一邊確認做為佈設道具使用的裝飾用岩石和水草的配置位置，一邊均衡的配置。

※黑土：以天然土壤為原料的造景底材。主要用於水族箱，當然生態缸也能夠活用。各公司均有販賣便於維持水質、種植水草等功能不同的產品，是在水族箱領域長年使用的材料。

2 將漂亮地種植在較高的圓形流木上的印度小圓葉配置到後側。從較高的物件開始配置比較容易調整均衡度。然後將小塊的裝飾用岩石擺在中央的兩側。將種植在橫放的圓形流木上的新大柳放在右側。

3　左側空間放上插進細長圓形流木的牛毛氈，將種植在平坦圓形流木上的紫蘇草配置在前景部分。

4　前景空出來的中央部分，用前端細長的鑷子將分拆好的
　大珍珠草一株一株小心翼翼地種入黑土。最後取以前景
　用水草聞名，適當數量的南美草皮種植在右手前方的裝
　飾用岩石上，就大功告成了。

（協力：永代熱帶魚、水草ファーム）

以綻放著嬌小美麗爭奇鬥豔花朵的水草佈設出的離水型生態缸，能見得到在水中無法見到的水上葉和花朵共演。它們在短時間內就會扎根深入做為底砂的黑土中。往上生長的莖幹令人想適度修剪以避免破壞景觀。不花什麼功夫就能製作的簡易水草生態缸，即使使用的是小型缸體也能充分享受到樂趣。

※ 水陸缸所使用的水草在陸上和水中的樣子大都有所不同。理由是為了各別適應陸上、水中這兩種完全不同的環境。一般將陸上（離水）的外形稱為「水上葉」，而水中的外形稱為「水中葉」。有些水草的水上葉和水中葉變化不大，但也有些會變得完全不同。本範例水草生態缸使用的是水上葉。

佈設製作與維持、管理不可或缺的各類道具

製作佈設時，在事先準備好就能事半功倍的道具中，最具代表性的就是「鑷子類」。現在在大賣場及銅板商店等處，販售有多種形狀及尺寸的該類物品。從便於種植細小植栽的尖端細長鑷子到粗而長的鑷子，店頭陳列可說是種類繁多。那麼，該選擇什麼樣的鑷子才好呢。答案當然是「選擇合用的」，但想追求鑷子的使用方便度及手持舒適度是會沒完沒了的。它是種看似簡單，卻極有深度的道具。鑷子不僅在種植各種植物時很方便，在製作植物佈設時也不可或缺。又或者說，要對手指伸不進去的地方進行維護調整時，也有它們發揮的空間。當您使用鑷子，卻有「總覺得沒弄好」、「不太順」這類感覺的瞬間，換其他類型的鑷子試試或許也不錯。

而另一種不可或缺的道具是「剪刀」。在修剪長得太長的莖幹及葉片，以及佈設過程中傷到的葉片等時機都得用到它。刀尖較小的剪刀在修剪細小部位時很有用，而刀尖瘦長型的剪刀則適合修剪縫隙。市面上售有多種專用剪刀，注意它們的各別特徵也是很有意思的一件事。

在圓形容器及缸體中培育植物時還需要「噴霧瓶」。它是能為植物補充潤澤水分的道具，在使用小型容器時最為活躍。順帶一提，雖然一般使用自來水，但自來水裡含有鈣質，在噴灑過後，莖葉上有可能留下白色付著物（鈣質）。為避免這種情況，推薦大家使用市售礦泉水（天然水）來噴灑。

在維護（清理）玻璃表面等部分的用品方面，「科技海綿」（只需沾水就能去除汙垢的特殊材料）易於取得，從材質容易受損的壓克力缸到玻璃材料製成的缸體都能廣泛活用，非常方便。此外，如果能另外準備「滴管」，它在去除缸體底部的垃圾及迷你缸體換水等簡單打掃方面是很方便的。

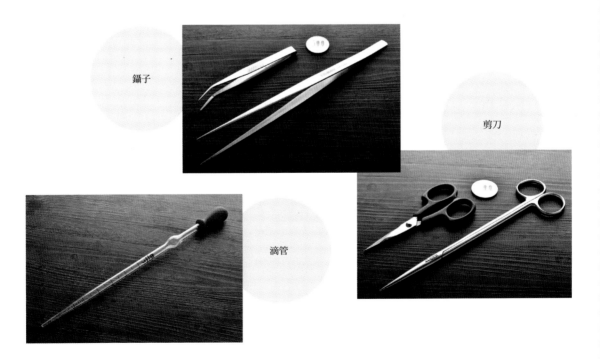

鑷子

剪刀

滴管

欣賞積水鳳梨的生態缸

Data　缸體：長45×寬30×高30cm
　　　器材：LED照明
　　　材料：黑土、泥炭土
　　　植物：鶯歌鳳梨、摩蕊嘉寶鳳梨、火球積水鳳梨、曲葉鳳梨、班紋彩葉
　　　鳳梨、玫瑰姬鳳梨、暗紅小鳳梨、綠絨葉鳳梨、空氣鳳梨 雷伯蒂娜 摩
　　　拉、大灰蘚、側枝走燈蘚

1 要將佈設中使用的著生植物黏上特殊寶麗龍，以及促進著生植株開根時，可活用園藝用的泥炭土。使用時需添加水分並不斷揉捏，直到泥炭土產生黏性為止。事先把要使用的份量揉成球狀，能使作業進行更有效率。

※泥炭土：水際植物乾枯後堆積在水底，於漫長歲月後炭化而成的黏土狀物質。

2 要在特殊造型保麗龍上固定植物時，使用鐵絲是很方便的。取剪成適當長度的鐵絲彎成 U 字型使用。

3 一邊均衡配置植株，一邊將 U 字釘插進寶麗龍就能完成著生型配置了。這時候記得請不要插得太深。取泥炭土貼住植株根部外
露部分，再加以固定就會很穩固了。

4 　將做為佈設主題的兩個佈置道具均衡地設置在缸體內部。之後將缸底鋪滿黑土，並為了整體好看將其撫平。黑土鋪好後，可用噴霧瓶稍微濕潤整體。

5 　將整片大灰蘚和側枝走燈蘚塊設置在缸底。佈設時像要用苔蘚塞滿整個缸底般，細縫等部分也要用鑷子仔細填滿。佈設過程中要以噴霧瓶補充水分避免植物乾燥。在前景苔鮮的縫隙間種上姬鳳梨類以及空氣鳳梨等小型植株後，佈設就大功告成了。

（協力：TOP インテリア・奥田信雄）

僅使用擁有獨特外觀而且相對耐旱的積水鳳梨家族製作的生態缸，其葉片形狀和色彩是特徵以及魅力所在，創造出了能長期欣賞各品種葉片特徵的空間。在強光照明下，還可以欣賞到這個家族綻放的獨特花朵。

※積水鳳梨這個稱呼來自鳳梨科的學名（*Bromeliaceae*），也是該科植物的統稱。也有人以 Ananas 科或 Bromelia 科來稱呼此科。

從種子發芽種起的生態缸

Data 　缸體：長 30× 寬 30× 高 30cm
　　　器材：LED 照明
　　　材料：造型君、種植君、火山岩
　　　植物：地毯植物、迷你牛毛氈（使用名為「プレミ
　　　　　　アムシード（Premium Seed）」的植物種子）

1　事先準備的「造型君」是種特殊
的造型用生態缸專用土。以天然
材料製成，會在加水混合後變
硬。一邊加水一邊將它攪拌到硬
度適中為止。

2 在缸體背面和兩側放上事先配合缸體尺寸剪裁的「種植君」（用於製作牆面的佈設道具），並在缸體背面和兩側貼上攪拌好的「造型君」。

3 最後用造型君鋪滿缸底，設置使佈設呈現立體感的火山岩，完成佈設的底座。將「プレミアムシード」均勻撒下（避免疊在一起）。

註：所謂地毯植物（Carpet plant），其實是虎斑水蓑衣的種子。

4 依場所而定,可多撒些會長得較高的迷你牛毛氈種子以營造份量感。此外,也可以在壁面等部位多撒些會密集成長的地毯植物種子。

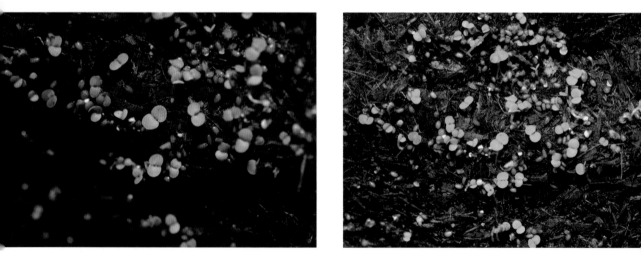

5 播種後噴水霧並保濕,過幾天就會發芽了。無數幼小葉片張開,能同時欣賞它們成長的狀況。這時候需注意以強烈光源促進成長。將它們放在保溫環境,能快速發芽並長得更好。

這是佈設製作完成10天左右的景色。到處都有發芽後逐漸茂盛生長的葉片，為30cm見方的狹小空間帶來自然的氣息。

（協力：（有）ピクタ）

20 天後

帶瀑布的生態缸

Data　缸體：長25×寬25×高 背面30、前面15cm
器材：SQ-10沉水馬達、生化底部過濾器
材料：黑土
植物：密葉鐵線蕨、鈕扣藤、蝴蝶合果芋、海州骨碎補、千層
　　　塔、薜荔、文竹、伏石蕨、烏毛蕨、庭園白髮蘚、小榕、
　　　有翅星蕨

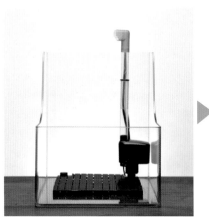

1 串接底部過濾器和沉水馬達，裝設在做來給水陸缸專
用，背部與前面高度不同的特殊小型玻璃缸體裏側。
所謂的底部過濾器，是以放在缸底的過濾器進行過濾
的系統。流經過濾器的水會被沉水馬達汞出，透過管
線送往缸體上方，以這種方式使水上下循環並進行過
濾。在本佈設中，配合缸體尺寸自製了黑色的強化寶
麗龍資材。讓寶麗龍表面呈現岩石紋理。做出瀑布形
狀。構造上是在寶麗龍裡挖出管線路徑，讓汞出的水
從管線出水口流進瀑布。

2 取差不多能完全蓋住底部過濾器，份量稍多的黑土，並由前往後撫平。至此硬體方面就裝設完成了。

3 為了讓植物容易附著在寶麗龍上，需準備有黏著力的泥炭土，事先將它們呈團狀包住植物根部。由於泥炭土會在沾上大量水分時崩散，擺設植物時請讓它們著生在不會被水濺濕的地方。

4 植物擺好後就能對缸體注水了。注水時需盡量注意避免缸底黑土揚起，慢慢注水。打開沉水馬達開關後，整個佈設就完成了。

（協力：TOP インテリア・奥田信雄）

水族缸部份想種水草也行，想要養小魚等生物看牠們自在悠遊也很不錯。看起來就很涼爽的水陸缸，會化為能享受到瀑布水聲和著生植物成長的療癒水際空間。

培育植物所需的光源

　想要植物健壯成長，不用說絕對不能缺少光合作用。因此，想欣賞室內綠植，最重要的就是調整出光源充足的環境了。對不需注水的生態缸來說，只要在窗邊紫外線能照入的環境就能夠毫無問題地培育、管理。然而想在沒有太陽光的地方享受樂趣，就必須要準備照明器具了。

　過去最常使用日光燈做為培育植物的照明光源。隨後 LED 照明出現，不僅在家用方面已經成了標準配備，在水陸缸及沼澤缸用途上，LED 也已成為主流。在推廣水陸缸及沼澤缸的店家裡，販賣著專門培育植物的 LED 照明，能從豐富種類中選擇適合缸體尺寸的物件。在挑選重點上，選擇適合房間和缸體氛圍的顏色和外觀當然很重要，不過最大目的畢竟還是促進「光合作用」，必須挑選對植物有益的明亮度才行。那麼談到挑選多少瓦的燈管才好，這方面會隨容納植物的容器而有所變化，但大致上尺寸長 30 cm 約需 10～15ｗ，長 60 cm 則得準備 40ｗ左右才行。光源不足時任何植物成長都會出現障礙。除了葉片顯色變差、植株矮小化之外，也會引起莖幹節距拉長，也就是俗稱的「徒長」現象，引起成長不良。

　因為選擇了不適合的光源，導致無法觀察到植物原本的美妙和成長過程，這樣會非常可惜對吧。請讀者們再次確認照明環境是否適合培育植物吧。

使用透明材料淡化
工業製品感的薄型
LED 照明

Chapter.3

讓生態缸更動人的生物

100選

苔蘚類植物 / 蕨類植物 / 觀葉植物 / 水草 / 兩棲類 · 魚類 · 甲殼類 · 貝類

在這個章節，挑選了100種推薦在生態缸中培育的生物並一一加以介紹。主要以適合初學者的生物做為挑選方向，統整了它們的各別特徵和培育時的注意事項等等。此外也將植物分成了苔蘚類植物、蕨類植物、觀葉植物、水草四大類別。雖然也有些水草屬於苔蘚或蕨類，不過在水族領域只要做為「水草」流通，就算它們是苔蘚或蕨類族群也一樣包含在「水草」項目內。「漂亮」、「可愛」、「帥氣」就是一切的開始。讓我們一起對美麗生物們的世界做個觀察吧。

東亞砂蘚
Racomitrium japonicum

○分布：北海道～九州　○適應：低濕～高濕　○培育難度：簡單
○用途：陸生缸、水陸缸

紫萼 科砂蘚屬。性喜高山至低地的岩表以及柏油路等處，是種會形成毯狀的小型苔蘚。自古以來做為「苔蘚盆栽」廣受人們喜愛。它很耐旱，在日照良好環境會縮起葉片，並於吸收水分後瞬間張開。春季到秋季長成漂亮的綠色，冬季時則轉為褐色過冬。

大灰蘚

Hypnum plumaeforme Wilson

○分布：日本全土　○適應：高濕　○培育難度：簡單
○用途：陸生缸、水陸缸、沼澤缸、兩棲生態缸

灰蘚科灰蘚屬。是最為人知的代表性苔蘚植物。在販賣苔蘚的店家裡很受歡迎，也被用來製作「苔球」。在自然界中從高地到民家都找得到野生植株，會在森林帶地面以至溪流旁的岩石上形成毯狀結塊。葉片雖成長為三角形，不過在光線不足的佈設中會萎縮到只剩一片細小的葉片。

苔蘚類植物

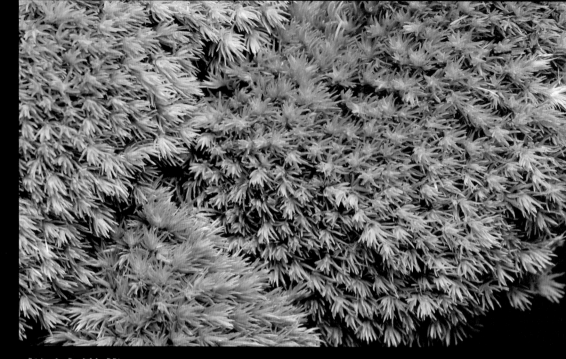

庭園白髮蘚 *Leucobryum juniperoideum*

○分布：本州、四國、九州　○適應：高濕　○培育難度：簡單
○用途：陸生缸、水陸缸、沼澤缸、兩棲生態缸
白髮蘚科白髮蘚屬。它是種葉片比包氏白髮蘚更粗，稍大的葉片密集生長的近緣種，生長在森林帶的樹皮及腐葉土地表，偶爾也會在岩石上生長形成巨大塊狀。本品種和包氏白髮蘚相同以「山苔」為商品名販售，近年來也常用於佈設。由於低濕度環境會使它的葉片褪色變白並停止生長，請在高濕度環境活用。

包氏白髮蘚
Leucobryum bowringii

○分布：本州、四國、九州
○適應：高濕
○培育難度：簡單
○用途：陸生缸、水陸缸、沼澤缸、兩棲生態缸
白髮蘚科白髮蘚屬。店頭常以「山苔」為其商品名販賣。一直以來都被做為盆栽的襯草使用。以形成球塊狀為特徵，細葉密集的葉形頗有人氣。於森林帶的樹木根部及黑土來源地面成塊狀自生。為佈設時常用植物，低光量環境也能培育。

曲尾蘚

Dicranum scoparium

○分布：本州、四國、九州
○適應：微乾～高濕
○培育難度：普通
○用途：陸生缸、水陸缸、沼澤缸、兩棲生態缸
曲尾 科曲尾 屬。是種在深山溪流流域地面及樹皮上形成巨大塊狀成長的美麗苔蘚。能夠在特別著重苔蘚販賣的店家買到。顏色方面以亮綠色為基調，在昏暗環境培育則會轉為深綠色。基本上莖葉向上生長並逐漸長出分枝。它也很容易在佈設中運用，但由於會在空氣濕度不足時停止生長，在濕度足夠的環境更便於欣賞。

梨蒴珠蘚 *Bartramia pomiformis*

○分布：本州、四國、九州　○適應：較高濕　○培育難度：稍難
○用途：陸生缸、水陸缸
珠蘚科珠蘚屬。全株柔軟，自生於高濕度的岸壁及斜面。會形成柔軟的球塊，有時甚至能長成人頭大小。由於其孢子囊呈球狀，因此在日本也被命名為「タマゴケ（珠蘚）」。外觀細小的葉片是它的特徵。

大羽蘚
Thuidium cymbifolium

○分布：日本全土
○適應：高濕
○培育難度：稍難
○用途：陸生缸、水陸缸的水際、兩棲生態缸
羽蘚科羽蘚屬。為性喜高濕度的羽蘚屬小型種，自生於溪流流域岩石上及因湧水得以保持濕潤的水際。長出許多細小葉片，以三角型葉形形成美麗的毯狀成長。植株在寒冷季節雖會變為黃色，等溫暖季節會生長成帶有透明感的深綠色。為著生型植物，走莖會附著在石頭及樹木等物體，並生長出分岐葉。

偏葉澤蘚 *Philonotis falcata*

○分布：日本全土　○適應：高濕　○培育難度：簡單
○用途：陸生缸、水陸缸、沼澤缸、兩棲生態缸
珠蘚科澤蘚屬。著生於從山上流下的清澈流水邊，形成小至略大的塊狀呈群落生長在流水旁。其亮綠色的葉片為海綿狀且擁有排開水分的特性，能欣賞它們浮在水面的模樣。在佈設中容易培育，且大量葉片叢生的姿態非常美麗。由於它不耐過度悶熱，請盡可能在涼爽環境使用。

大鳳尾蘚 *Fissidens nobilis*

○分布：本州、四國、九州　○適應：高濕　○培育難度：簡單
○用途：水陸缸、沼澤缸、兩棲生態缸
鳳尾蘚科鳳尾蘚屬。如鳳凰羽毛般開展為其命名由來。帶有厚重透明感的大型葉片從著生莖上展開。在自然界中好生於常年滴水的環境，著生於水際的岩石上。此外，在水陸缸中除了能以沉水葉方式生長，也能夠讓它們扎根在瀑布旁的岩石上。在自然界中常自生於昏暗環境，但佈設時仍推薦在強光下培育。
※沉水葉指的是所有葉片都位於水中的狀態。水中葉為其同義語。對義語則是浮葉（浮在水面上的葉片。）

緣邊走燈蘚
Plagiomnium acutum

○分布：日本全土
○適應：低～高濕
○培育難度：簡單
○用途：陸生缸、水陸缸、沼澤缸、兩棲生態缸
提燈蘚科走燈蘚屬。從森林帶的地面到高濕度的岩石上，以及人工壁面等處形成片狀群落，葉形隨季節改變。由於它在寒冷季節時莖幹立起，溫暖季節時匍匐成長，依據不同用途，在佈設中也能欣賞到這種植物的種種變化。葉片會隨分岐而增加，即使利用照明器具培育，也能觀賞它曼妙的葉形。

圓葉走燈蘚 *Plagiomnium vesicatum*

○分布：本州、四國、九州　○適應：高濕　○培育難度：簡單
○用途：陸生缸、水陸缸、兩棲生態缸

提燈蘚科走燈蘚屬。在單一莖幹朝左右長出多片圓葉，是貼地旺盛生長的水生走燈蘚種類之一。自生於溪流旁濕潤的岩石，以及流著清水的淺水水域，其具有透明感的莖葉很好看。儘管偶爾也會以沉水葉方式自生，但在缸體內難以培育。由於它屬於著生型，可在水陸缸等有水流動的場所使用。

※ 著生植物（型），指的是不會在土壤中扎根，在樹木及岩石等處扎根生活的植物。

東亞萬年蘚

Climacium japonicum

○分布：本州、四國、九州
○適應：高濕
○培育難度：普通～稍難
○用途：陸生缸、水陸缸、兩棲生態缸

柳葉蘚科萬年蘚屬。它在苔蘚類中是少見的單株直立型大型種，以細小的葉片密集生長在高10～15cm左右的枝條上為其特徵。它在野外棲息地會將地下莖伸往溪流附近林床的腐葉土帶，利用地下莖（走莖）增加莖幹。近年來在陸生缸等方面受到注目，販賣它的店家也越來越多了。在佈設上，光量較弱時其葉片會矮小化，無法讓它長得漂亮，因此在培育時要想辦法讓它照得到紫外線，或準備強光量的照明器具。

薄網蘚 *Leptodictyum riparium*

○分布：日本全土　　○適應：高濕　　○培育難度：簡單
○用途：水陸缸、兩棲生態缸

柳葉蘚科薄網蘚屬。為適合水中環境的苔蘚類，基本上在水族領域大量流通。也被稱為「氣泡莫斯」。因為它的沉水葉在水中進行光合作用時會冒出大量氣泡，因而有此稱呼。它是生長在湧水裡的種類，在野外棲息地水上型和水中型均會茂盛生長，但基本上還是以帶有透明感的水中葉生長較為旺盛。由於它是著生型，能黏在石頭及流木上觀賞。

花葉溪蘚

Pellia endiviifolia

○分布：日本全土
○適應：高濕
○培育難度：簡單
○用途：水陸缸

溪蘚科溪蘚屬。是顏色獨特的水生類溪蘚種類之一。目前僅於水際確認其自生。本種類親水，除了會以半水中型態在淺水中呈毯狀生長外，依據場所不同，甚至以完全沉水型態在水中長出堅硬的葉塊。由於它有著從葉底長出稱為假根的黑色著生毛並黏在物件上的特性，在佈設中能將它黏在岩石及流木等物件上培育。

蕨類植物 *Ferns*

密葉鐵線蕨
Adiantum raddianum

○分布：全世界溫帶～熱帶　○適應：低濕～高濕　○培育難度：簡單
○用途：陸生缸、水陸缸、兩棲生態缸

鳳尾蕨科鐵線蕨屬。一般在園藝賣場被當做迷你觀葉植物販賣。在觀葉蕨類裡是很受歡營的種類。日本也有同種類的「單蓋鐵線蕨」、「鐵線蕨」自然生長。葉片薄而柔軟，在空氣濕度不足時可能會縮小，因此需注意培育環境的乾燥程度。

海州骨碎補 *Davallia trichomanoides*

○分布：熱帶亞洲、大洋洲　　○適應：低濕　　○培育難度：簡單
○用途：陸生缸、水陸缸
自古以來做為觀葉植物流通的小型品種骨碎補。貼地朝側面生長的根莖上長有絨毛，並張開無數新芽葉片，看起來很有蕨類植物的感覺。在海外也有不少骨碎補屬的植物從很久以前就被用於製作陸生缸，而這個海州品種特別受到歡迎。由於它在低濕度環境也容易培育，在稍微乾燥的地方也能夠活用。

※ 根莖是地下莖種類之一。是在地底或地表盤繞，外觀看起來像根的莖。

舌葉鐵皇冠

Microsorum linguiforme

○分布：泰國
○適應：低濕～高濕
○培育難度：簡單
○用途：陸生缸、水陸缸、沼澤缸
水龍骨科中型蕨類之一，做為生態缸植物輸入國內。其特徵為在堅硬枝條上左右對生的橢圓形葉片，這在星蕨屬中很罕見。讓枝條著生在流木等物體上生長，在具一定高度的佈設中能欣賞到它著實的成長。光量較低時葉片會變得細小，以強光量培育比較合適。

越橘葉小蛇蕨
Microgramma Vacciniifolia

○分布：南美　○適應：低濕　○培育難度：簡單
○用途：陸生缸、水陸缸、沼澤缸
自生於南美大陸熱帶雨林中的珍稀著生蕨類之一。在當地
主要著生在樹木上使枝條生長，並茂盛長出細長而密集的
葉片。已被記載的小蛇蕨屬植物還有其他數種，有小圓葉
型品種以及葉片比本品種更為細長的特殊品種，在海外的
生態缸中也都很受青睞。

軟樹蕨 *Dicksonia antarctica*

○分布：澳洲、紐西蘭　○適應：低濕　○培育難度：簡單
○用途：陸生缸
儘管它基本上是大型樹蕨（長成樹木狀的蕨類）的一種，但由於目前亦有園藝栽培的小型植株生產，因此也被用
來佈設。原產地在澳洲、紐西蘭等熱帶地區，但在日本的戶外無論春夏秋冬都能正常生長，非常強健。在佈設中
最好將它種植在開放空間的關鍵點上，好呈現出這個品種的存在感。

山蘇

Asplenium antiquum

○分布：九州、沖繩、台灣
○適應：高濕
○培育難度：簡單
○用途：陸生缸、水陸缸、沼澤缸

鐵角蕨科的大型蕨類之一。在日本能在九州南部、奄美大島及沖繩地區諸島發現它的蹤影。自古以來做為觀葉植物販賣，種植在迷你盆內的小型植株也以便宜的價格販賣。它是非常強健的蕨類品種，巨大成長時葉長甚至能超過1m。在缸體這種受限空間中為適應環境並不會長得太大，因此在90cm以下的缸體也能輕鬆運用。

珠芽鐵角蕨 *Asplenium bulbiferum*

○分布：澳洲、紐西蘭　○適應：低濕～高濕　○培育難度：簡單
○用途：陸生缸、水陸缸、沼澤缸

在鐵角蕨屬中是葉片特別纖細的品種。其獨特的外觀很受歡迎，現在由販賣珍稀植物的專賣店進行販賣。有很多愛好者會在陸生缸及沼澤缸中種植欣賞它。當它適應培育環境後會從植株中心部位不斷生出新芽，能以鐵角蕨屬特有，從葉尖長出幼株的方式繁殖。

（註：Microgramma vacciniifolia 中文名從種名直譯而來）

卷柏 *Selaginella spp.*

○分布：中美～北美　○適應：高濕　○培育難度：簡單
○用途：陸生缸、水陸缸、兩棲生態缸
在海外園藝界常做為地被植物使用的卷柏小型種。日本也有顏色不同的
種類生產，並在大賣場的園藝區等地方販賣。這種植物在國外的流通名稱之所以會被冠上「莫斯（苔蘚的英文發音音譯）」，從它的外觀看起來很像苔蘚就能略知一二。成株高度不高，在佈設中做為前景使用。

萬年松

Selaginella tamariscina

○分布：日本全土、東南亞
○適應：低濕～高濕
○培育難度：簡單
○用途：陸生缸、水陸缸
從江戶時代開始就受到古典園藝愛用的品種。自生分布於寒冷到溫暖地區的山谷溪流邊。在岩石表面扎根立足，在漫長歲月的生長後也可能直立生長，給人一種木質般的錯覺。水分不足時葉片捲起陷入休眠狀態，在高濕環境葉片則能常保美麗伸展。

烏毛蕨 *Blechnum nipponicum*

○分布：北海道～九州　○適應：低濕～高濕　○培育難度：簡單
○用途：陸生缸、水陸缸、兩棲生態缸
常見自生於山間斜面等地的烏毛蕨屬烏毛蕨家族之一。為日本固有的蕨類植物，長著看起來不太像蕨類的葉形，適應低濕度到高濕度環境，能夠良好生長。即使在昏暗的佈設中也相對容易培育，做為容易使用的蕨類受到注目。

地耳蕨

Tectaria zeilanica

○分布：中國南部、越南、印尼、印度、斯里蘭卡
○適應：低濕～高濕　○培育難度：簡單
○用途：陸生缸、兩棲生態缸
近年來沼澤缸使用了大量叉蕨屬蕨類，但不只日本原產，連大量海外產的記錄種也開始買得到了。由於這個家族擁有獨特的葉質，扎根於溪流沿岸環境生長，在佈設中也能以地植方式享受培育樂趣。由於最近開始有小型植株販售，較小的容器也能夠進行培育。

對馬耳蕨 *Polystichum tsus-simense*

○分布：福島縣以南的本州～九州、朝鮮半島、中國　○適應：低濕　○培育難度：簡單
○用途：陸生缸、水陸缸、兩棲生態缸
鱗毛蕨科常綠蕨類植物。自生於森林地帶的地面，儘管身為成長後能有80cm上下的大型品種，但也有人工培育的小型植株販賣，在小型容器中也能享受觀賞樂趣。在高濕度環境也容易生長，甚至能在密閉型生態缸中培育，不過管理時還是要盡可能避免悶熱。

毛軸假蹄蓋蕨

Deparia petersenii var. grammitoides

○分布：日本全土
○適應：高濕
○培育難度：簡單
○用途：陸生缸、水陸缸、沼澤缸、兩棲生態缸
本品種為假蹄蓋蕨的四倍體，大量自生於有一定高度的環境，以常綠性而喜好高濕度的蕨類為人所知。常在販賣多種蕨類植物的山野草專賣店中販售，近年來做為能被用於生態缸的著生蕨類打響了知名度。除了活用於沼澤缸牆面佈設外，也能將它和苔蘚一起黏在流木上欣賞。

歐亞多足蕨

Polypodium vulgare

○分布：北海道～本州、熱帶亞洲、非洲、歐洲
○適應：低濕～高濕
○培育難度：簡單
○用途：陸生缸、水陸缸
為水龍骨的夥伴，水龍骨科成員。日本擁有的是在寒冷至
溫暖地區的林床生長的品種，從身為地下莖的根莖長出蕨
類特有的葉片而匍匐生長。使用於佈設時只要讓根莖部分
保持濕潤，即使在稍乾燥的場所運用，葉片仍能順利成
長。

※ 林床指的是森林地表。光線被樹木遮蓋，以耐陰植物和菌類為主要
棲息植物。

千層塔

Lycopodium serratum var.serratum

○分布：日本全土、東南亞
○適應：低濕
○培育難度：簡單
○用途：陸生缸、水陸缸、兩棲生態缸
分類為石松科石杉屬的直立型特殊蕨類植物。生長於具一定
高度的林床腐葉土帶，並長出高度10～20cm間的直立莖。
葉片上有鋸齒，會從單一莖條上長出側芽藉此繁衍。能做為
佈設的點綴使用。「闊葉千層塔」和「長柄千層塔」是它為人
所知的近緣種。

團扇蕨 *Crepidomanes minutum*

○分布：日本全土　○適應：高濕　○培育難度：稍難
○用途：兩棲生態缸
膜蕨科團扇蕨屬。一如其名，其特徵為生長著散開成團扇狀的圓型皺葉。葉片顏色具有厚重透明感，從匍匐莖密集長出大小1cm左右的葉片。性喜遮蔭環境，以片狀著生於石灰質岩表。在能創造出高濕度環境的佈設及密閉型容器中容易培育。若想以著生方式種植，與自然界相同活用岩石會比較好。

伏石蕨
Lemmaphyllum microphyllum presl

○分布：本州中部～九州、台灣、朝鮮半島、中國
○適應：低濕～高濕　○培育難度：稍難
○用途：陸生缸、水陸缸、兩棲生態缸
水龍骨科伏石蕨屬。是能在各種環境自生的豆型蕨類植物。著生於自然豐富的溪流沿岸以至岩石，以及人工牆面等位置。從著生根長出細小的莖條，並由無數莖條如網子般交錯生長，形成片狀群落。它在佈設中是種能營造自然氣氛的素材，因而受到歡迎，但其厚實的豆狀葉片在強光量培育環境下常會枯萎。此外它也不耐過度悶熱，需要在通風環境培育。

觀葉植物 Ornamental foliage plants

白鶴芋

Spathiphyllum wallisii

○分布：中南美　○適應：低濕～高濕　○培育難度：簡單
○用途：陸生缸、水陸缸、沼澤缸

做為觀葉植物從古至今廣為流通的白鶴芋屬代表種。長有天南星科特有、被稱為佛焰苞的花朵，而本品種的佛焰苞潔白耐看。其同族包括突變種在內，改良品種已知有30餘種，市面上也有葉片帶白斑的品種以及葉型特殊的品種販賣。它自生於濕地等處的水際，基本上是種喜歡水際的植物。

文竹 *Asparagus plumosus var. nanus*

○分布：南非　○適應：低濕　○培育難度：簡單
○用途：陸生缸
百合科天門冬屬。為常綠多年草，全年都能欣賞到其翠綠葉片的觀葉植物。從株底長出纖細葉片，是種葉型宛如蕨類植物，頗具魅力而受歡迎的品種。夏季開小白花。在空氣濕度較低的環境也能健壯成長，在低濕度的陸生缸便於使用。

虎耳草

Saxifraga stolonifera

○分布：本州～九州、中國　○適應：低濕～高濕　○
培育難度：簡單
○用途：陸生缸、水陸缸、兩棲生態缸
在自然界中，於日照良好的低濕度山崖及半日照的高濕林床扎根自生。整體長著絨毛的圓形葉片為其特徵。以葉片形狀及配色、紋路等眾多變化廣為人知，也有大量園藝品種出售。繁殖方式是從植株長出數條走莖，並慢慢長成幼株。它是種健壯的山野草，葉片可供食用。

黃金姬菖蒲
Acorus gramineus

○分布：栽培品種
○適應：低濕～高濕
○培育難度：簡單
○用途：陸生缸、水陸缸

小型且葉片整體帶黃色，因而被稱為「黃金」的天南星科水生種。著生在溪流沿岸的岸壁及水際岩石上，莖葉帶有類似菖蒲的獨特香氣。由於其根莖長出的根既堅硬又很有附著力，可將它著生在石頭及流木等物品上，做為佈設點綴使用。在它的家族中尚有其他小型種類出售，能和本品種搭配使用。

灰綠冷水花 *Pilea glauca*

○分布：越南、中國南部　○適應：低濕　○培育難度：簡單
○用途：陸生缸、水陸缸、兩棲生態缸

蕁麻科冷水花屬。自生於輕微乾燥地帶森林帶的小型種。紅而細長的莖幹交織，匍匐貼地旺盛生長。在佈設中需時常修剪旺盛生長的莖幹，欣賞其群生的美麗葉片。不耐悶熱，最好在空氣流通環境及開放式陸生缸中使用。

灰綠冷水花（帶斑）*Pilea glauca variegata*

○分布：越南、中國南部　○適應：低濕　○培育難度：簡單
○用途：陸生缸、水陸缸、兩棲生態缸
由蕁麻科冷水花屬灰綠品種突變出帶斑葉片後，固定性狀而成的品種。葉緣的白色輪狀斑很是美麗。是受到歡迎的迷你觀葉植物，市面上大量流通。由於其成長稍快，管理時需要進行適度修剪。

小葉薜荔

Ficus pumila minima

○分布：關東以西、東亞
○適應：低濕
○培育難度：簡單
○用途：陸生缸、水陸缸、沼澤缸、兩棲生態缸
桑科榕屬的匍匐性常綠植物。長 1 cm 左右的小葉片在硬質莖條上互生（每一個莖節上生長一片葉子並交互排列）。葉片上有凹凸，隨成長從亮綠色轉為濃綠色，細根還有著生於物體上的特性。日本名為「オオイタビ（大崖石榴）」。讓它在陸生缸和沼澤缸的兩側和背景牆面攀爬，能夠營造出自然氛圍。

掌葉薜荔 *Ficus thunbergii*

○分布：本州、四國、九州、沖繩
○適應：低濕～高濕
○培育難度：簡單
○用途：陸生缸、沼澤缸、兩棲生態缸

雌雄異株常綠植物，著生於溫暖場所的岩表及樹幹等處。幼株時長出1～3cm左右的葉片藉此成長，但在野外日照良好的場所會木質化並大幅成長。小葉片呈鈍鋸齒狀，在陸生缸等容器內能保持矮小狀態成長。可利用它的攀緣性質，做為底部及背面等處的植栽活用。

曲葉鳳梨

Neoregelia ampullacea

○分布：巴西中部　　○適應：低濕　　○培育難度：簡單
○用途：陸生缸、沼澤缸、兩棲生態缸

積水鳳梨科五彩鳳梨屬。為相當普遍的品種，平常在著力於積水鳳梨的園藝店都能買到。葉片性質寬而稍硬，厚葉且帶著顯眼虎紋是這個品種的特徵。會從母株長出10cm左右的走莖形成幼株。相當耐旱，做為裝潢在室內也很容易就能培育。花期時會開出漂亮的藍色花朵。

火球積水鳳梨 *Neoregelia fireball*

○分布：改良品種　○適應：低濕　○培育難度：簡單
○用途：陸生缸、沼澤缸、兩棲生態缸
以全株呈鮮豔紅色為特徵的人氣品種。由於它是小型品種且植株和葉片長度都不會長得太大，在佈設時不挑場所皆可使用。在想讓櫥窗展示的裝飾有些色彩變化時相當推薦。繁殖上利用走莖培養幼株。能讓它著生在流木或軟木上欣賞。

摩蕊嘉寶鳳梨

Catopsis morreniana

○分布：中美洲、墨西哥南部
○適應：低濕～高濕
○培育難度：簡單
○用途：陸生缸、沼澤缸、兩棲生態缸
大量自生於中美洲森林地帶的摩蕊品種，是只會成長至10cm大小的小型種。從植株中心長出多片亮綠色的柔軟葉片，即使在小型生態缸中也很容易運用。由於它是著生型，最好能將它黏在以樹木為主體的素材上培育。會開出串生的白色花朵。

鶯歌鳳梨 — *Vriesea racinae*

○分布：巴西　○適應：低濕～高濕　○培育難度：簡單
○用途：陸生缸、沼澤缸、兩棲生態缸
分佈範圍從中美洲到南美大陸，已知180餘種的鶯歌鳳梨屬之一。它以該家族中最小型的品種廣為人知，是近年來積水鳳梨佈設中常用的人氣品種。葉片帶有弧度並以綠色為基調，整體長有茶褐色斑點。花莖從植株中心長出，綻開白色花朵。

空氣鳳梨 雷伯蒂娜 摩拉
Tillandsia leiboldiana mora

○分布：栽培品種
○適應：低濕
○培育難度：簡單
○用途：陸生缸、沼澤缸、兩棲生態缸
基本品種是從墨西哥到哥斯大黎加一帶分布的空氣鳳梨家族成員。以質地柔軟，葉底略帶紅色的葉片為特徵。由於它著生在樹木上成長，在佈設中使用時也要將它黏在流木或軟木上培育。此外它意外地喜好水分。儘管能開出紫色的美麗花朵，但培育時不將它置於屋外接受紫外線照射，不會有開花希望。

空氣鳳梨 球拍 *Tillandsia cyanea*

○分布：中南美　　○適應：低濕～高濕　　○培育難度：簡單
○用途：陸生缸、水陸缸、沼澤缸、兩棲生態缸
為稍大型的空氣鳳梨之一，全株能長到25cm前後。葉片長度張開約20～30cm，形成特有的蓮座型葉姿。在自然界中主要著生於樹木上，偶爾也會在地上自生。在以空氣鳳梨家族為主體的生態缸中，能做為主角植株活躍。會綻放紫色花朵。

綠絨葉鳳梨

Cryptanthus Green

○分布：巴西
○適應：低濕～高濕
○培育難度：簡單
○用途：陸生缸、水陸缸、沼澤缸、兩棲生態缸
為積水鳳梨中最普遍的品種，英文名稱為「Earth Star（地球之星）」。在園藝業界也被稱為「地植積水鳳梨」，能看得出本種類在地面自生的含義。主要自生於亞馬遜森林地帶，其色彩豐富而群生的地上株非常美麗。葉緣長有鋸齒狀棘刺，使用時需多加留意。

玫瑰姬鳳梨

Cryptanthus bivittatus minor

○分布：巴西
○適應：低濕～高濕
○培育難度：簡單
○用途：陸生缸、沼澤缸、兩棲生態缸

屬於積水鳳梨亞科，頗受歡迎的紅色系姬鳳梨的粉色系
品種。本品系存在大量園藝品種，海外繁殖場以及個人
愛好家間也製作出了多種交配品種。它會長出不太起眼
的花芽，在佈設中難以確認。基本上以欣賞葉片型態的
觀葉植物廣為人知。

寶金蘭（龜背）

Dossinochilus Turtle Back

○分布：改良品種
○適應：高濕
○培育難度：稍難
○用途：沼澤缸、兩棲生態缸

這是被稱為「Jewel Orchid」的寶石蘭交配種，由電光寶石蘭和臺灣金線連交配固定性狀而成的品種。在原始品
種擁有大量記載的一方面，由於寶石蘭家族也被人為製作出許多改良品種，它做為獨立品種也有很高的價值觀和
注目度。葉片整體呈現閃亮網狀，能感受到它獨特的質感。由於有很多種類喜好高濕度環境，在水際也能順利培
育。

吐煙花 *Pellionia repens*

○分布：越南、馬來半島　○適應：低濕～高濕　○培育難度：簡單
○用途：陸生缸、沼澤缸、兩棲生態缸
在其分布區域熱帶叢林的廣大森林帶地面貼地生長的匍匐型植物。因為在自生地大多生長於遮蔭處，在佈設環境中也能於低光量下培育。普通葉片外觀配色獨特，而新芽長出時則會是紅或粉紅色。生長速度快，一下子就會變得很高，最好能適度做修剪。

粉紅喜蔭 - 埃及豔后

Episcia cupreata Cleopatra

○分布：美國熱帶地區
○適應：高濕
○培育難度：稍難
○用途：陸生缸、兩棲生態缸
別名「Pink brocade（粉紅緞錦）」，以粉紅色為基調的特殊植物。本屬共有9種分佈於美國熱帶地區，被人們當成色彩美麗的觀葉植物使用。花朵為橘色，利用走莖繁殖。不耐寒，處於室溫低於20℃的環境下長勢變差，甚至有可能枯死。

綠翡翠寶石蘭 *Macodes sanderiana*

○分布：婆羅洲、蘇門答臘、巴布亞紐幾內亞　　○適應：高濕
○培育難度：稍難
○用途：陸生缸、兩棲生態缸

為原種寶石蘭家族，在寶石蘭屬裡是葉片紋路最為美麗的一種。它金色閃亮的葉脈即使在培育佈設中都能營造出存在感，可說是寶石般的存在。性喜高濕及強光量，良好狀態下能從節間長出新芽並以分株方式繁殖。

六月雪

Serissa japonica

○分布：沖繩、中國、泰國、印度
○適應：低濕
○培育難度：簡單
○用途：陸生缸、水陸缸

茜草科白馬骨屬灌木植物。在海外是自古以來即以盆栽方式種植的品種，全株樹性樸實。在日本被稱為「白丁花」，也培養出了迷你盆栽版本。照片中種類葉緣有一輪白斑，開出桃紅色花朵。自從小型植株開始流通後，小型生態缸也隨之得以使用。生性耐旱，推薦於開放型水陸缸中使用。

芹葉福祿桐
Polyscias Butterfly

○分布：亞洲、澳洲、非洲
○適應：低濕
○培育難度：簡單
○用途：陸生缸、水陸缸
五加科南洋參屬的樹木型熱帶植物。日文名為「タイワンモミジ（台灣紅葉）」。為各分布區域加起來已有100餘種記錄的種群之一，福祿桐也做為觀葉植物流通及販賣。培育相對容易。只要有明亮環境就能順利種植，即使在生態缸的照明底下也能好好欣賞。

猿戀葦 *Hatiora salicornioides*

○分布：巴西　○適應：低濕　○培育難度：簡單
○用途：陸生缸
仙人掌科仙人棒屬多肉植物。著生於樹木枝幹，在仙人掌家族中極為少見。枝條細長朝上，分節膨起向外生長。開花時期會在枝條頂端開出黃色小花。性喜強光，培育時需以紫外線照射或活用有強烈光源的照明器具。

捕蠅草 *Dionaea muscipula*

○分布：北美　○適應：高濕　○培育難度：稍難
○用途：陸生缸、水陸缸

別名「蒼蠅地獄」，在食蟲植物世界中自古以來就是很普遍的種類。目前海外也存在著大量交配品種，市面上能夠買到以亮綠色及深紅色為基本色調的稀有種類。捕蟲部分長著被稱為感覺毛的棘刺，機制上是當昆蟲接觸到它，在兩次震動後會使捕蟲葉閉闔。自生於濕地，將它種植在水際等處，在強光量環境下和其他食蟲植物一起觀賞也是很有趣的一件事。

小白兔狸藻
Utricularia sandersonii

○分布：南非
○適應：高濕
○培育難度：簡單
○用途：水陸缸、兩棲生態缸

狸藻科狸藻屬的小型地底型食蟲植物家族成員。是在溫暖季節時常見於園藝店的狸藻之一。由於其地下莖長出的花朵形狀很像兔子臉，因而被如此稱呼。密集長出大小5mm左右的細小葉片，並以位於地下的捕蟲囊捕捉小蟲補充養分。在水際茂盛生長，並形成葉片絨毯。

爪哇莫絲（Willow moss）

Taxiphyllum barbieri

○分布：全世界溫帶～熱帶　○水溫：20～28℃　○培育難度：簡單
○用途：水陸缸、兩棲生態缸

在水族世界自古流通至今的水生苔蘚類代表性品種，和另一種英文名為Willow moss，名稱為「薄網蘚」的苔蘚是不同的水生苔蘚。一般以本種的鱗葉蘚屬做為爪哇莫絲流通。具有著生特性，能讓它扎根在石頭及流木上使用。此外它也能進行水上培育，在水陸缸中能讓它黏附在岩表及流木上以欣賞其水上葉。無論在水中水上都以分株方式繁殖。

南美正三角莫絲

Vesicularia sp.

〇分布：巴西
〇水溫：25℃
〇培育難度：簡單
〇用途：水陸缸、兩棲生態缸

南美原產的水生苔蘚類之一。植物體混雜在從巴西潘特納爾濕地輸入的熱帶魚中，在繁殖後開始在水族世界中流通。由於它和東南亞大量分佈的「爪哇莫絲」外型相似，該品種被當成南美正三角莫絲販賣也頗為常見。葉片隨著成長分岐成三角形為其特徵。性喜弱酸性水質，在明亮的照明下能長出漂亮的葉形。

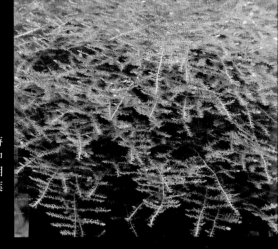

叉錢蘚 *Riccia fluitans*

〇分布：北半球溫帶～熱帶　　〇水溫：20～28℃　　〇培育難度：普通
〇用途：水陸缸、兩棲生態缸

這是被稱為「鹿角苔」的一種水生漂浮苔蘚。在自然界中自生於以湧水為源頭的水中及水田區域的泥巴上等處。別名「ウキゴケ（浮苔）」，在水陸缸中在前景部分沉水使用。它也能當做陸生型植物培育，能在水陸缸的水際使用，但不會著生。其雙岔的亮綠色葉片交錯的樣子很美麗。

小榕 *Anubias barteri var. nana*

○分布：西非　○水溫：25℃　○培育難度：簡單
○用途：水陸缸、兩棲生態缸
自生於西菲河川流域的天南星科水生種。在當地做為著生於水際岩石上的水上型植物培育，但在不同環境下於水中也能以沉水葉方式旺盛生長。在水族世界中是常見種類，做為強健的水草販賣。根部的著生能力很強，能用魚線將它綁在石頭及流木等物件上活用。在水中水上都會開出宛如小型水芭蕉般的佛燄苞。

袖珍小榕
Anubias barteri var. nana mini

○分布：突變種　○水溫：25℃　○培育難度：簡單
○用途：水陸缸、兩棲生態缸
由小榕突變而成，並被新加坡的水草繁殖商固定性狀的矮小型小型種。和小榕相同，在水中水上都能簡單地種植。除了讓它著生在石頭及流木上欣賞外，在高濕度的環境中也能做為水上型的地植佈設使用。

辣椒榕
Bucephalandra spp.

〇分布：印尼（加里曼丹島）
〇水溫：25～28℃
〇培育難度：簡單
〇用途：水陸缸、兩棲生態缸

在野外棲息地是種能在溪流流域發現的天南星科水生植物，為著生於水流附近茂盛生長的小型種。目前為止發現了為數眾多的未記錄種，基本上都有著葉片細長呈波浪型的特徵，葉片和莖幹的顏色以綠色到深綠色、茶褐色等種種變化為人所知。在水陸缸中欣賞的是它的水中葉，不過也能培育水中葉並欣賞到這個家族特有的佛燄苞型花朵。

黑木蕨 *Bolbitis heudelotii*

〇分布：西非　〇水溫：25℃　〇培育難度：簡單
〇用途：水陸缸

日文名為「アフリカミズシダ（非洲水蕨）」的水生蕨類植物代表種。在水族領域中是自古使用至今的品種，做為強健水草在佈設時大量使用。從側躺的根莖長出葉柄，張開具有透明感的深綠色葉片。從根莖長出的黑色根系具有著生能力，能抓住石頭及流木成長。在水陸缸中也能欣賞它的水上葉。

有翅星蕨（鐵皇冠）*Microsorum pteropus*

○分布：琉球群島、東南亞各國　○水溫：25℃　○培育難度：簡單
○用途：水陸缸、沼澤缸、兩棲生態缸

做為強健水草，是種從60年代中期就被水族領域大量使用的水生蕨類家族之一。現在仍為從全世界水草繁殖商進口的普遍種類，主要以水上葉方式販賣。以葉片性狀因不同產地而有多種變化廣為人知，也保有收藏性。幼株從葉片背面的孢子囊中產生，繁殖容易。由於它不耐高溫，因此在水溫或室溫管理上要多加留意。

綠溫蒂椒草

Cryptocoryne wendtii Green

○分布：斯里蘭卡
○水溫：25℃
○培育難度：稍難
○用途：水陸缸

在水族箱佈設中用於前景的天南星科水生植物。以本品種的綠色系為基調產生出的棕色系色彩變化品系打開了知名度，海外的水草繁殖商也生產有多種改良品種。基本上是以培育水中葉為樂趣的種類，但在高濕度環境也能做為水上型培育。水質、水溫變化可能導致全株溶解，需留意環境變化。

迷你椒草

Cryptocoryne parva

○分布：斯里蘭卡
○水溫：25℃
○培育難度：稍難
○用途：水陸缸

小型隱棒花（椒草）屬，長有鏟狀細長葉片的品種。在
水族缸佈設中主要讓它在前景密集生長，也就是做為前
景草使用。使用從株底長出的走莖上的幼株進行繁殖，
能夠長得像絨毯般茂盛。有著名為「內維椒草」，廣為
人知的近緣種，它和本品種同為不高的小型品種。

針葉皇冠草 *Echinodorus tenellus*

○分布：北美、南美　○水溫：25℃　○培育難度：簡單
○用途：水陸缸

為主要分佈於南美的澤瀉科水生植物小型種。它是皇冠草家族成員，也被稱為「Pygmy chain sword amazon
（亞馬遜侏儒鍊劍）」。葉片纖細而細長，種植時水中葉會因為照光量而從綠色變成茶褐色。繁殖方面由走莖長出
數株幼株，能夠簡單地不斷繁殖。性喜弱酸性水質，在25℃前後生長良好。

迷你水蘭
Sagittaria subulata var. pusilla

〇分布：北美
〇水溫：25～28℃
〇培育難度：簡單
〇用途：水陸缸

為澤瀉科濕地性水生植物慈菇屬的小型種。是在水族世界中自古以來常用的水蘭（澤瀉蘭）家族成員。以彎曲的水中葉為其特徵，是很受支持的前景水草。會從株底長出走莖並長出幼株進行繁殖。

牛毛氈 *Eleochalis acicularis*

〇分布：日本全土、東南亞、印度　〇水溫：25～28℃
〇培育難度：簡單
〇用途：水陸缸

莎草科荸薺屬。是種自生於水田及湖沼的針狀細葉水生植物，日文名為「マツバイ（松葉蘭）」。培育方面性喜黑土，會在地底長出數根走莖各自成株，能欣賞到有如草皮般的美妙景觀。成長後葉片長度可能超過10cm，需要適當修剪。在水際可培育成水上型。

金錢蒲

Acorus gramineus var. pusillus

○分布：日本全土、中國、越南
○水溫：25～28℃
○培育難度：簡單
○用途：陸生缸、水陸缸

天南星科溪流植物。在山野草世界多被做為地被植物使
用，也是很受歡迎的庭園植物。在日本溪流流域茂盛地
長出細長葉片，著生於河流附近的岩表。葉片長15cm
左右，自古以來被水族領域大量使用。雖然也會長出沉
水葉，但會變得小型化，葉片長僅餘5cm左右。

矮珍珠 *Glossostigma elatinoides*

○分布：澳洲　○水溫：25℃　○培育難度：稍難
○用途：水陸缸

日文名「ハビコリハコベ（蔓繁縷）」的小型水生植物。在水族領域中是很受歡迎的前景水草。基本上雖為莖條
直立生長的有莖草之一，但在光量較強的環境下會匍匐成長。茂密生長時會因空間不足而互相重疊生長，需要時
常修剪。群生美是它的魅力所在。

迷你矮珍珠
Hemianthus callitrichoides

○分布：中美洲
○水溫：25℃
○培育難度：簡單
○用途：陸生缸、水陸缸、兩棲生態缸
水上葉、水上葉均為柔軟圓葉的水生植物。做為引人注目的翠綠色株型水草，在佈設中很受歡迎。種植在水際也能成活，在高濕度的陸生缸能匍匐培育。水中葉會向上長，因此在水深較低的地方需要時常修剪管理。

印度小圓葉
Rotala indica var. uliginosa

○分布：日本全土、東南亞
○水溫：25℃
○培育難度：簡單
○用途：陸生缸、水陸缸、兩棲生態缸
名為「節節菜」的有莖水草，在日本以水田雜草聞名。而在水族世界中販賣的主要是由東南亞水草繁殖商所生產的植株。葉片顏色隨光量改變，在強光量下會透出紅色。它是非常強健的品種，即使是水上型也能從節間長出腋芽茂盛生長。

澳洲天湖菱

Hydrocotyle tripartita

○分布：澳洲　○水溫：25℃　○培育難度：簡單
○用途：陸生缸、水陸缸、兩棲生態缸

也有人以「三裂天湖菱」做為商品名販賣。擁有葉片帶鋸齒狀切痕的特徵，在天胡荽屬裡算是小型植物。基本上以水上葉性狀販賣。無論是水中葉、水上葉，葉片形狀都不會變化，以不到1cm的小型葉片密集形成群落。在水族箱中做為前景草活用，而在陸生缸及兩棲生態缸也能以水上型進行培育。

香菇草

Hydrocotyle verticillata

○分布：北美、南美
○水溫：25℃
○培育難度：稍難
○用途：陸生缸、水陸缸

張開圓形葉片的香菇草之一。俗稱「銅錢草」，是英文名為「Pennywort（破銅錢）」的水生植物。會長出外貌有趣，其他種類沒有的硬幣型葉片。在海外自古以來就是被陸生缸及水陸缸使用的好夥伴，基本上以觀賞水上葉為主。

馬蹄金
Dichondra micrantha

○分布：本州、四國、九州、中國、東南亞
○水溫：20～25℃
○培育難度：簡單
○用途：陸生缸、水陸缸、兩棲生態缸

做為適合水陸缸的植物販賣，是全株矮小的馬蹄金屬其中一種。形狀類似心型。長出無數可愛的葉片，在水際茂盛生長。不會生成水中葉，基本以陸上養成為主。在低光量環境也能培育，不過還是儘可能在明亮環境培育會比較好。從莖條長出大量腋芽，容易繁殖。

槐葉蘋 *Salvinia natans*

○分布：日本全土、亞洲、歐洲
○水溫：20～25℃
○培育難度：簡單
○用途：水陸缸

廣為人知的漂浮類水草日本代表品種。葉片與山椒葉片相似，因而得到了「サンショウモ（山椒藻）」此一日文名。從外觀上看不出來，它其實是蕨類植物，秋天時會從長著黑色根系的葉片基部長出細小的孢子。基本上只要有光就能夠培育，但在低光量下可能會整體萎縮停止成長。以分株繁殖（從葉片基部長出新芽）方式增殖。

紅毛丹 *Phyllanthus fluitans*

○分佈：南美　○水溫：20～27℃　○培育難度：簡單
○用途：水陸缸

分佈於亞馬遜河流域，為廣闊南美大陸的代表性漂浮類水草之一。堆疊起數片具有強大浮力的圓形葉片，以其紅色的根系和葉片為最大特徵。是水族箱很常見的漂浮類水草，也容易在水陸缸的水面培育。但若不在強光量下培育時葉片會縮小，需要注意光源是否足夠。

美洲水鱉
Limnobium laevigatum

○分佈：南美
○水溫：25℃
○培育難度：簡單
○用途：水陸缸

也被稱為「圓心萍」，是葉背長有海綿狀膨起的水鱉科植物。葉片呈心臟型，自古以來在水族領域一直是很受歡迎的漂浮類水草。其近緣種裡有種更小的其他品種，名為「Dwarf frogbit（侏儒蛙蹼草）」。這種植物的繁殖力也很旺盛，只要有一株就能生成大量幼株，很容易就能增加。它伸入水中的長長根系具有水質淨化作用。

藍箭毒蛙 *Dendrobates azureus*

○分布：蘇利南共和國南部　○體長：5 cm　○室溫：25℃

○餌料：活餌　○飼育難度：稍難

藍箭毒蛙身體帶有黑色斑點，是箭毒蛙的代表種。野生種全身皮膚帶有劇毒，但主要由海外進口的人工繁殖（CB：Captive Breed）個體不具毒性，因此能毫無問題地享受飼育樂趣。基本以果蠅為餌料，在販賣箭毒蛙的專賣店都買得到。是種在兩棲生態缸中充滿飼育魅力的蛙類。

黑腿箭毒蛙
Phyllobates bicolor

○分布：哥倫比亞
○體長：4 cm
○室溫：25℃
○餌料：活餌
○飼育難度：稍難

別名「雙色箭毒蛙」，為箭毒蛙種類之一。儘管牠以具有名為箭毒蛙鹼的品種而廣為人知，不過人工繁殖個體毒性很弱，飼育方面可以不用擔心。以雨林帶為主要棲息環境，棲身於接近水際的場所，產卵期由雄蛙將孵化的蝌蚪運到水際。喜食小型昆蟲類，飼育下可餵食果蠅及蟋蟀。能在小型兩棲生態缸享受飼育樂趣。

南美角蛙 *Ceratophrys cranwelli*

○分布：巴西、巴拉圭、阿根廷、玻利維亞　○體長：15 cm
○室溫：25℃　○餌料：活餌　○飼育難度：簡單

本種是分佈於南美大陸，很受歡迎的角蛙，有多種不同色彩種類被區分成各品種販賣。與其近緣種「鐘角蛙」交配出的品種也很知名，從蝌蚪、幼體以至10 cm左右的個體市面上都有流通。對會動的東西感興趣，一看到就會飛撲過去，因此餵食相當簡單。近年來也有專為角蛙開發的人工飼料上市販賣。儘管是種有一定份量的蛙類，還是會讓人想方設法在兩棲生態缸飼養欣賞。

紅腹蠑螈 *Cynops pyrrhogaster*

○分布：本州、四國、九州　○體長：10cm
○水溫：15～25℃　○餌料：人工飼料、冷凍飼料　○飼育難度：簡單
為日本固有的有尾（蠑螈）類，棲息於自然豐饒的山村至山間的水際。腹側為紅色或朱紅色為其最大特徵，東日本和西日本的個體群色彩和花紋均不相同。能享受到水陸兩用的飼育樂趣，特別推薦在佈設有水中和陸地的水陸缸中飼育。產卵期的雄性個體尾巴會帶有青紫色，呈現出漂亮的婚姻色。

劍尾蠑螈

Cynops ensicauda

○分布：奄美大島、沖繩
○體長：15cm
○水溫：20～25℃
○餌料：人工飼料、冷凍飼料
○飼育難度：簡單
棲息在溪流流域及水際的有尾類。以其尾巴形狀類似鬪劍因而得名。目前區分為「奄美大島劍尾蠑螈」和「沖繩劍尾蠑螈」。以個體背部及腹側等部位長有斑紋聞名，特別是棲息於沖繩地區的個體有不少都帶有斑紋。本品種與紅腹蠑螈相同，最好能夠在水陸缸中飼養。

墨西哥鈍口螈

Ambystoma mexicanum

○分布：墨西哥　○體長：20cm　○水溫：20～25℃
○餌料：人工飼料、冷凍飼料　○飼育難度：簡單
牠是一般被稱為「墨西哥大山椒魚」的大型有尾類的同伴，別名「美西螈」或「六角恐龍」。以寒冷季節為產卵季，從體長3cm的幼體到10cm前後的個體都買得到。有6種廣為人知的體色，市面上流通著「白子」及「白化」、「金箔」、「象牙」、「黑色」、「藍色」等色彩變異種類。幼體不會變態，帶著外鰓在水中度過一生。

泰國鬥魚

Betta splendens var.

○分布：改良品種
○體長：8cm
○水溫：25℃
○餌料：人工飼料
○飼育難度：簡單
在東南亞泰國配種產生的短鰭型鬥魚的改良品種。有多種顏色及紋路做為品種登錄。在水族館中是必備的熱帶魚商品，身為能直接呼吸空氣的魚，也被稱為「迷魚」。由於雄魚會互相爭鬥，最好以單隻飼養為主。
※搏魚屬的魚類能用長在鰓部上方的特殊呼吸輔助器官「迷器」進行空器呼吸。

白雲山魚 *Tanichthys albonubes*

○分布：中國南部　○體長：4 cm　○水溫：18～27℃
○餌料：人工飼料　○飼育難度：簡單
在自古販賣至今的水族箱觀賞魚類中，唐魚屬是最為普遍的一種。即使使用的是沒有過濾器的小容器等物品，也
都能輕鬆地飼養牠。當雄魚發色時，魚鰭上會出現白邊，體側的線條也會變得顯眼。會在水生藻類等處產卵，也
可能在不知不覺中就發現到稚魚游泳的身影。

黑線飛狐
Crossocheilus siamensis

○分布：泰國、馬來西亞、印尼
○體長：10 cm
○水溫：25～28℃
○餌料：藻類、人工飼料
○飼育難度：簡單
黑線飛狐在能夠取食附著於缸內水草等物件上的鬚狀藻
類的「食藻魚」中特別受到歡迎。在日本自古以來即有
飼養，是種歷史悠久的熱帶魚。生性溫和不會攻擊其他
魚類，因此適合混養。儘管牠不是那種顏色顯眼的魚
類，但其內斂感也蠻不錯的。

縱帶篩耳鯰

Otocinclus vittatus

○分布：南美
○體長：5cm
○水溫：25℃
○餌料：藻類（褐藻）
○飼育難度：簡單

為常見的小型鯰魚之一。由於牠性喜食用長在缸體玻璃面以及水草、佈設道具等處的煩人藻類，因而常以食藻魚身份導入缸內飼養。牠的飼養難度本身並不高，但進口時有可能狀況就已經不太好，購買時要多加留意。

安德拉斯孔雀魚 *Poecilia wingei*

○分布：委內瑞拉　○體長：3cm　○水溫：25℃
○餌料：人工飼料　○飼育難度：簡單

安德拉斯孔雀魚是熱帶魚世界中最常見的孔雀魚的原種。雖然牠不像改良過的孔雀魚長著巨大的尾鰭，但擁有原種獨特的配色和體型特徵。由於牠是卵胎生美達卡（稻田魚）的家族成員，魚卵會在腹中授精，產卵時直接生出稚魚。有多種顏色類型存在，尋找喜歡的色彩來飼養也別有一番樂趣。

花斑劍尾魚
Xiphophorus maculatus var.

○分布：墨西哥　○體長：5 cm　○水溫：25℃
○餌料：人工飼料　○飼育難度：簡單
牠和孔雀魚同為最普遍的卵胎生美達卡代表種。自古以來受到許多水族專家的喜愛。現代也持續有新品種產出，各種不同色彩的品種讓愛好者們大為滿足。飼養、繁殖都很容易，再加上可愛的外觀，在熱帶魚飼養入門方面樹立起不可動搖的地位。只要成對購買，就能親眼目睹新生命誕生的一瞬間，欣賞到稚魚的可愛模樣。

藍眼燈魚 *Poropanchax normani*

○分布：西非　○體長：3 cm　○水溫：25℃
○餌料：人工飼料　○飼育難度：簡單
眼睛上方閃耀著藍色光芒，是美麗的小型卵生美達卡之一。讓牠們在水面下群泳，更能突顯出其美妙。生性溫和飼養容易。是以適合水草為重心的混養缸體的人氣品種，也推薦在水陸缸中飼養。飼養時若能保持其身體健康，也有機會自行繁殖。

楊貴妃（美達卡） *Oryzias latipes var.*

○分布：改良品種　○體長：4cm　○水溫：20℃
○餌料：人工飼料　○飼育難度：簡單
從古代即已存在的觀賞用美達卡「緋色美達卡」，以紅色配色濃厚的品系進行改良的品種，被冠上了這個名稱。
現今不只日本，也受到海外的注目，是紅色美達卡的代表品種。由於在野外的紫外線環境下能使紅色更為顯眼，
在群聚生境（Biotope）中很受歡迎，不過在室內飼養下也能充份欣賞牠的體色。

幹之（美達卡）

Oryzias latipes var.

○分布：改良品種
○體長：4cm
○水溫：20℃
○餌料：人工飼料
○飼育難度：簡單
由日本原種美達卡產生出的改良種，也是很受歡迎的品
種。其特徵不必說，就是從嘴邊一直延伸到尾部的白金
色線條。整體魚身帶著藍色光芒，閃耀的藍色色彩使各
鰭顯得更為漂亮。在此也推薦在使用了日本山野草的水
陸缸中飼養牠來觀賞。

大和藻蝦 *Caridina multidentata*

○分布：關東以西　○體長：5cm　○水溫：15～25℃
○餌料：藻類、人工飼料　○飼育難度：簡單
牠在會取食藻類的蝦類（清道夫蝦）中，是最常見的匙指蝦科成員之一。主要在水族館販賣。棲息於日本的溪流流域，雖然飼養難度不高，但牠是細卵型品種因而無法在魚缸內繁殖。喜歡取食附著於水草及佈設道具上的黑色鬚狀藻類和水綿。
※ 細卵型蝦類在淡水環境下不會繁殖。

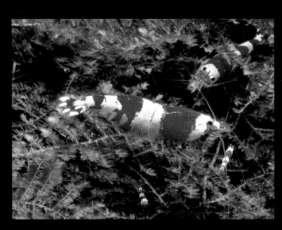

紅水晶蝦

Neocaridina sp.

○分布：改良品種
○體長：2～3cm
○水溫：25℃
○餌料：藻類、植物性人工飼料
○飼育難度：簡單
由日本作成，以其紅白配色帶給人深刻印象的人氣品種。以紅白頭類型為首，還有日之丸類型及白軀類型等美妙配色存在。在缸體內會取食附著於水草及佈設道具上的藻類，能以清道夫蝦的身份活躍。在缸體內也有望簡單地繁殖。

玫瑰蝦 *Neocaridina denticulata sinensis var.*

○分布：台灣　○體長：2cm　○水溫：25℃
○餌料：藻類、人工飼料　○飼育難度：簡單
為身體發色呈深紅色的美妙匙指蝦之一，市面上以火燄蝦等名稱流通。飼養、繁殖都很簡單，初學者也能簡單飼養，在日本頗有人氣。近緣種有黃米蝦、橘米蝦等，能欣賞不同配色帶來的樂趣。

加里曼丹橘吸血鬼蟹

Geosesarma sp.

○分布：印尼
○體長：4cm
○水溫：23～27℃
○餌料：人工飼料
○飼育難度：稍難

小型蟹類之一，全身包覆著特殊橘系配色的人氣外
來種。能在印尼加里曼丹島的溪流流域等較濕潤的
環境發現，基本上為陸生蟹類，不過偶爾也會潛入
水中。因此可在水際享受飼養樂趣。在水陸缸飼養
時需準備防脫逃手段。

漢氏澤蟹 *Geothelphusa dehaani*

○分布：本州～九州　　○體長：4cm　　○水溫：15～25℃
○餌料：人工飼料　　○飼育難度：簡單

棲息於深山溪流流域或濕地溪谷旁林床等處，是日本唯一的淡水性蟹類。體色因棲息場所而有所不同，一般以紅色澤蟹最為有名。其中又以盔甲較藍，腳部和鉗子呈白色的個體群為人所知。為大卵型蟹類，可在純淡水環境繁殖，因此在水陸缸及兩棲生態缸中也都能繁殖。

石蜑螺
Clithon retropictus

○分布：關東以西、台灣、印尼
○體長：2～3cm　　○水溫：15～28℃
○餌料：藻類（矽藻類）
○飼育難度：簡單

從汽水域到淡水域皆有棲息的蜑螺成員之一。由於牠會取食缸體內令人困擾的藻類，在水族領域中自古以來一直很受歡迎。會到處產下白色顆粒狀的卵，但由於繁殖型態上稚貝必須在海水域成長，因此在淡水環境是無法繁殖的。

活體生物何處尋

在園藝專賣店以及大賣場的園藝區,販賣著多種植物。其中也有許多種能在陸生缸及水陸缸使用。而且現在運用珍稀品種異國植物的愛好家也越來越多了。珍稀也就代表了高價貴重,就連這樣的植物也都被導入了佈設中。走進著力於陸生缸及水陸缸的店家,也能見到許多熱帶植物販賣,遇見充滿個性的植物們。

要種植在水陸缸的水際或水中觀賞的水草,推薦直接從水族館取得。不只是水生蕨類等植物也被看待成水草,品項一應俱全,而且還能向知識豐富的店員們請教種種問題,而店家販賣的水草也會有適當的管理。此外還能在購買水草時一起選購小型熱帶魚及受歡迎的改良美達卡,對想要享受水陸缸樂趣的人是個非常方便的場所。而在尋找於兩棲生態缸中飼養的兩棲類及有尾類方面,珍稀動物專賣店就有許多種類進行販賣。不只是海外生物,連日本產的蛙類及蠑螈品種,以及餵給生物吃的活餌也都買得到。購買時的健康狀況有可能造成影響,和具有豐富知識和經驗的店家討論是很不錯的。

其他像是營造自然氣氛不可或缺的流木,裝飾用的天然石,裝飾沙等底砂,以及黑土等必要資材,只要走一趟水族館等專賣店就能在許多種類中逕行挑選。而且這類專賣店一定都設有像Chapter. 1所介紹的範本佈設。運氣好的話說不定還能看到設缸途中的樣子。不只旁觀看熱鬧,做為自行設置生態缸的參考應該也挺不錯的。

從活體到器材必需品
應有盡有的
店舖風景

PROFILE

佐佐木浩之

1973年出生。是以水際生物為主要拍攝題材的攝影家。無論對象處於圈養或野生環境，憑著一股好奇心探索生物的美妙與趣味。其中對水族缸的拍攝最受好評，妥善照顧觀賞魚及水草等生物，將它們最美好、充滿躍動感的瞬間捕捉下來的攝影技法得到了高度評價。此外，他也是從10歲開始飼養熱帶魚等生物的老練飼育者。活動範圍不僅日本國內，還踏足東南亞等區域進行生物收集和攝影，並基於這些實踐過程在雜誌等刊物上發表飼養知識和生態攝影照片。在本書中擔任企劃、攝影及部分執筆。主要著作為『ザリガニ飼育ノート』『メダカ飼育ノート』『金魚飼育ノート』『熱帶魚：選び方、水槽の立ち上げ、メンテナンス、病気のことがすぐわかる！』(誠文堂新光社)、『エアプランツ アレンジ&ティランジア図鑑』『苔ボトル 育てる楽しむ癒しのコケ図鑑』(電波社)、『育てる楽しむ癒しの苔ボトル』『苔ボトル楽しく育てる癒しのコケ図鑑』『珍奇植物 ビザールプランツ完全図鑑』(コスミック出版)。

戶津健治

1971年出生。從孩提時期開始利用缸體進行情境佈置及水陸缸製作，同時享受飼養觀賞魚的樂趣。除了在雜誌上發表在觀賞魚進口商及水族館得到的經驗外，也在缸體佈設大賽中得到了水陸缸部門的獎項。現在一邊進行田野調查觀察大自然，一邊將他擅長的水生植物及山野草、苔蘚植物欣賞方式做出提案並化為工作。在本書中擔任執筆。主要著作為『育てる楽しむ癒しの苔ボトル』(コスミック出版)等『苔ボトル』系列。

協力：ロイヤルホームセンター・千葉北店、(有) ワンズモール・高橋義和、(有) ピクタ、アテラリサーチ、TOP インテリア・奥田信雄、アクアフィールド・織田浩貴、永代熱帯魚・水草ファーム、ヒロセペット、アクアステージ518、アクアテイラーズ東大阪本店、名東水園リミックス、ヒーローズピッチャープランツ、アクアテイクーE、アクアショップArito、(株) アクアデザインアマノ、(株) チャーム、ジェックス (株)、(株) クレインワイズ、熊谷晋吾、アイテム・藤川清、ZERO PLANTS・小野健吾

TITLE

走入生態缸世界

STAFF		ORIGINAL JAPANESE EDITION STAFF	
出版	瑞昇文化事業股份有限公司	編集	池田俊之
作者	佐佐木浩之　戶津健治	デザイン	ACQUA
譯者	王幼正		

總編輯	郭湘齡
責任編輯	蕭妤秦
文字編輯	張聿雯
美術編輯	許菩真
排版	執筆者設計工作室
製版	明宏彩色照相製版有限公司
印刷	桂林彩色印刷股份有限公司

法律顧問	立勤國際法律事務所　黃沛聲律師
戶名	瑞昇文化事業股份有限公司
劃撥帳號	19598343
地址	新北市中和區景平路464巷2弄1-4號
電話	(02)2945-3191
傳真	(02)2945-3190
網址	www.rising-books.com.tw
Mail	deepblue@rising-books.com.tw

初版日期	2022年3月
定價	420元

國家圖書館出版品預行編目資料

走入生態缸世界：設計.培養.療癒/佐佐木浩之, 戶津健治作；王幼正譯. -- 初版. -- 新北市：瑞昇文化事業股份有限公司, 2021.08
160面；18.2 x 23.5公分
ISBN 978-986-401-508-5(平裝)
1.觀賞植物 2.寵物飼養 3.栽培

435.49　　　　　　　　　110011353